新一代信息软件技术丛书

中慧云启科技集团有限公司校企合作系列教材

罗大伟 李洪建◉主 编

于腾飞 夏汛 郭盛◉副主编

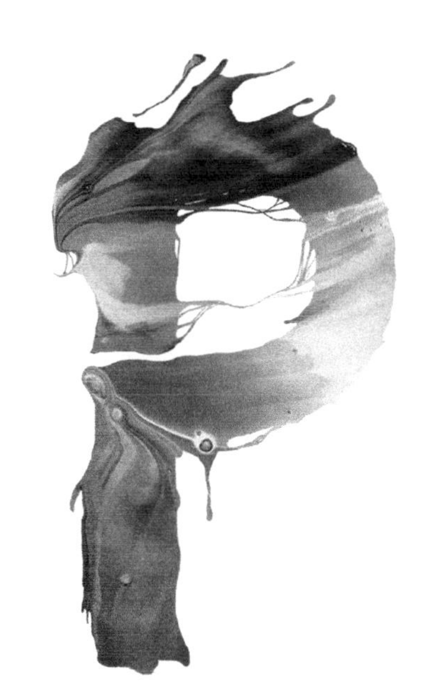

Python 程序开发

Python Programming Development

人民邮电出版社

北京

图书在版编目（CIP）数据

Python程序开发 / 罗大伟，李洪建主编. -- 北京 ：人民邮电出版社，2022.3（2023.7 重印）
（新一代信息软件技术丛书）
ISBN 978-7-115-57967-6

Ⅰ. ①P… Ⅱ. ①罗… ②李… Ⅲ. ①软件工具－程序设计－教材 Ⅳ. ①TP311.561

中国版本图书馆CIP数据核字(2021)第237399号

内 容 提 要

本书系统地介绍了 Python 程序开发相关的基础知识与项目开发技巧，涉及 Python 应用基础编程、用户界面设计和网络爬虫分析相关内容。全书以案例讲解与分析为导向，以培养读者能力为宗旨，理论结合实际，让读者能轻松掌握 Python 程序开发相关内容。

全书共 11 章，内容包括 Python 概述、Python 基础语言应用、Python 序列结构、程序控制结构、函数、正则表达式、面向对象程序设计、HTML 标签和 CSS 属性、JavaScript 编程基础、页面结构分析，以及数据存储和可视化。

本书内容编排合理、通俗易懂、深入浅出，突出实用性，不仅可以作为本科和高职院校计算机相关专业的教材，也可以作为计算机相关技术爱好者的自学参考书。

◆ 主　　编　罗大伟　李洪建
　副 主 编　于腾飞　夏　汛　郭　盛
　责任编辑　王海月
　责任印制　陈　犇

◆ 人民邮电出版社出版发行　　北京市丰台区成寿寺路 11 号
　邮编　100164　　电子邮件　315@ptpress.com.cn
　网址　https://www.ptpress.com.cn
　北京七彩京通数码快印有限公司印刷

◆ 开本：787×1092　1/16
　印张：14.5　　　　　　2022 年 3 月第 1 版
　字数：390 千字　　　　2023 年 7 月北京第 3 次印刷

定价：69.80 元

读者服务热线：(010)81055493　印装质量热线：(010)81055316
反盗版热线：(010)81055315
广告经营许可证：京东市监广登字 20170147 号

编辑委员会

主　编：罗大伟　李洪建

副主编：于腾飞　夏汛　郭盛

编写组成员：侯仕平　张全伟

前言 FOREWORD

Python 是当今流行的面向对象编程的语言之一，在网络爬虫、科学计算、数据处理和人工智能等诸多领域得到广泛的应用。Python 是一种解释型、动态数据类型的高级程序设计语言，其语法简洁、功能强大，易学易用，代码可读性强，其编程模式非常符合人类思维方式和习惯，在众多高级语言中拥有较高的效率。Python 还是一种跨平台的计算机程序设计语言，支持命令式编程、函数式编程，完全支持面向对象程序设计，它拥有大量功能强大的内置对象、标准库和扩展库，开发者能够快速实现和验证自己的思路与创意。随着版本的不断更新和新功能的添加，Python 越来越多地被用于独立的大型项目开发。

本书在内容组织上深入浅出、图文并茂，以案例讲解与分析为引导，以培养读者的能力为目标，强调项目实训。本书的主要特点如下。

1. 案例丰富

本书注重理论与实际相结合，选取的大量案例均来自于实际开发项目，体现“教、学、做一体化”的思想，方便读者快速上手，注重培养读者的实际操作能力。

2. 内容组织合理

本书按照由浅入深的顺序编排内容，分为 Python 应用基础编程、用户界面设计、网络爬虫分析三部分。Python 应用基础编程介绍了 Python 概述、Python 基础语言应用、Python 序列结构、程序控制结构、函数、正则表达式，以及面向对象程序设计，为后续的学习打下基础；用户界面设计介绍了 HTML 标签和 CSS 属性及 JavaScript 编程基础；网络爬虫分析介绍了页面结构分析及数据存储和可视化。

3. 教学资源丰富

本书配备了丰富的教学资源，包括教学 PPT、习题答案、源代码。读者可访问链接 https://exl.ptpress.cn:8442/ex/l/4e70e416 或扫描以下二维码获取。

说明：本书代码中部分 URL 用“特殊编码代号（httpAddr-xxx）”表示，具体的 URL 见本书附带的源代码资源。

由于编者水平有限，书中难免存在疏漏和不足之处，敬请读者批评指正。

编者

2021 年 6 月

目录 CONTENTS

第一部分 Python 应用基础编程

第二部分 用户界面设计

第 8 章

第 9 章

第三部分 网络爬虫分析

第 10 章

第 11 章

第一部分

Python 应用基础编程

第1章 Python概述

01

▶ 内容导学

Python 是一种面向对象的、解释型的计算机程序设计语言，其特点是提供了丰富的内置对象、运算符和标准库对象，开发精简快速。而庞大的扩展库更是极大地增强了 Python 的功能，其应用已经渗透到绝大多数领域和学科。本章主要介绍 Python 的特点、运行环境、编程规范、扩展库的安装、标准库对象与扩展库对象的导入和使用等。

▶ 学习目标

① 了解 Python 的发展历史。
② 了解 Python 的应用领域。
③ 掌握 Python 运行环境的安装方法。
④ 掌握 Python 开发工具的使用方法。
⑤ 了解 Python 的编程规范。

1.1 认识 Python

1.1.1 Python 的发展历史

Python 的创造者为荷兰的软件工程师 Guido van Rossum，他在 1991 年 2 月正式公开发布了 Python 的第一个版本。Python 是一种跨平台、开源、免费的解释型高级动态编程语言，是一种通用编程语言。除了可以解释执行，Python 还支持将源代码伪编译为字节码来优化程序，提高加载速度，也支持使用 py2exe、pyinstaller、cx_Freeze 或其他类似工具将 Python 程序及其所有依赖库打包成各种平台上的可执行的文件。Python 支持命令式编程和函数式编程两种方式，完全支持面向对象程序设计，语法简洁清晰，功能强大且易学易用，最重要的是其拥有大量的支持绝大多数领域应用开发的成熟扩展库。Python 已经渗透到统计分析、移动终端开发、科学计算可视化、系统安全、逆向工程与软件分析、图形图像处理、机器学习、游戏设计与策划、网站开发、数据爬取与大数据处理等专业和领域。

Python 官方网站曾同时发行和维护 Python 2.x 和 Python 3.x，这两种版本差异较大，Python 3.x 无法向后兼容 Python 2.x。本书采用 Python 3.7.9 进行项目的开发和实例讲解。

1.1.2 Python 语言优缺点

Python 作为一种被广泛使用的语言，具有以下的显著优点。

1. 免费开源

Python 是一种免费的、开源的面向对象、解释型计算机程序设计语言，源代码遵循 GPL（GNU General Public License，通用公共许可证）协议。Python 语法简洁而清晰，具有丰富和强大的类库。它常被称为“胶水语言”，可以把其他语言制作的各种模块（尤其是 C/C++）很轻松地联结在一起。开发人员在开发程序的时候，经常使用 Python 快速生成程序的原型，然后对特别要求的部分，再使用更合适的语言进行改写，重写后，将其封装为 Python 可以调用的扩展类库，使用 Python 进行调用，从而提升整个项目的开发速度。

2. 具有良好的跨平台特性

Python 作为一种解释型的语言，具有跨平台的特征，只要为平台提供相应的 Python 解释器，Python 就可以在该平台上运行。Python 程序可以运行于各大主流操作系统平台，包括 Windows、Linux、Mac OS 和 UNIX 等，而且多数 Linux 系统自带 Python，可以直接调用。

3. 简单易学

Python 是一种代表简单主义思想的语言，语法简洁而流畅。相较于其他语言，Python 最大的优点是具有伪代码的特点，程序代码清晰易读，实现同样的功能所用的代码常常少于其他语言。

4. 资源丰富

Python 被广泛应用于各个领域，目前已成为热门的三大语言之一，资源非常丰富。Python 和 Java 之间的一个相似之处是可以执行任何操作的开源库、框架和模块，使应用程序的开发变得十分容易。Python 拥有很多机器学习和数据分析库，如 TensorFlow、scikit-learn、Keras 和 pandas 等。

当然 Python 也存在一些不足，具有解释型语言的一些弱点。

① 速度慢：Python 程序的运行速度比 Java、C、C++等程序慢。

② 源代码加密困难：不像编译型语言的源程序会被编译成目标程序，Python 直接运行源程序，因此对源代码加密比较困难。

1.1.3 Python 应用领域

① Web 应用开发：Django、Flask 等。
② 爬虫数据采集：Scrapy、pyspider 等。
③ 服务器运维：Tornado、Twisted 等。
④ 自动化测试：Selenium 等。
⑤ 科学计算：NumPy、pandas、Matplotlib 等。
⑥ 机器学习：scikit-learn 等。
⑦ 深度学习：TensorFlow、Caffe 等。

1.2 安装 Python 运行环境

Python 官方安装包内置了 IDLE（Integrated Development and Learning Environment，集成开发与学习环境），可以实现程序的编写和调试，IDLE 提供了语法高亮（使用不同的颜色显示不同的语法元素，例如，绿色代表字符串，橙色代表 Python 关键字，紫色代表内置函数）、交互式运行、程序编写和运行及简单的程序调试功能，基本可以满足初学者使用。对于大型项目开发，目前比较流行的开发工具有 PyCharm 和 Visual Studio Code，这些开发工具对 Python 程序进行封装和集成，使得代码的编写和项目管理更加方便。

1.2.1 Windows 系统下 Python 的下载与安装

在 Python 官方网站下载 Python 3.7.9（根据自己计算机操作系统选择 32 位或 64 位）并安装（建议安装路径为“C: \Python37”），注意勾选“Add Python 3.7 to PATH”，如图 1-1 和图 1-2 所示。

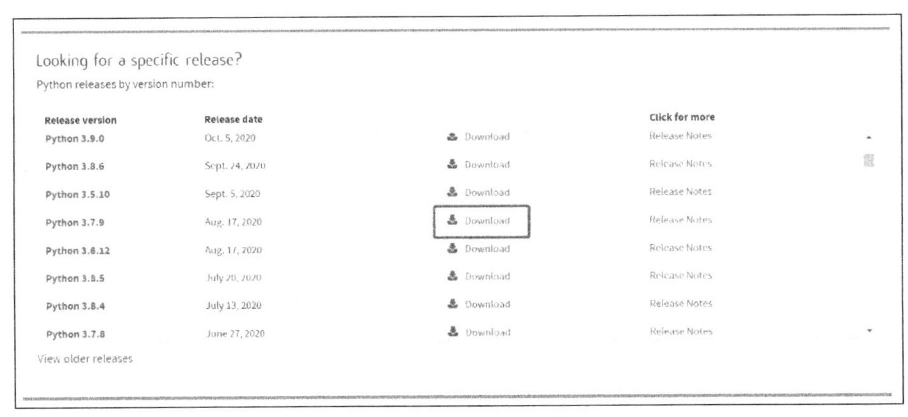

图 1-1　Python 3.7.9 下载界面

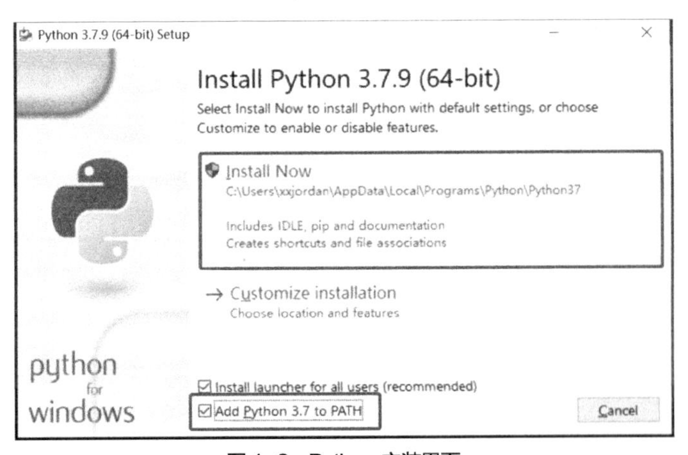

图 1-2　Python 安装界面

安装完成后，单击 Windows 系统的“开始”菜单，搜索 Python 3.7 并运行，出现 Python 交互界面，说明 Python 安装成功，如图 1-3 所示。

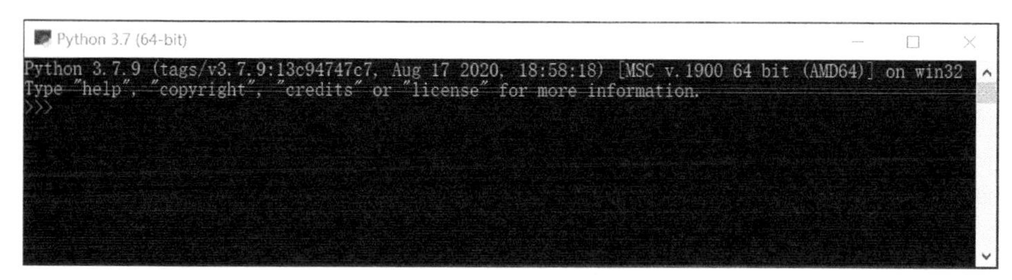

图 1-3　Python 交互界面

1.2.2　IDLE

IDLE 应该是原始的 Python 开发环境之一，没有集成任何扩展库，也不具备强大的项目管理功能。但也正是因为这一点，开发过程中的一切行为都需要开发者自己掌控，因此 IDLE 深得 Python 爱好者的喜爱。单击 Windows 开始菜单，搜索 IDLE 并运行，出现 IDLE 交互界面，如图 1-4 所示。在交互式开发环境中，每次只能执行一条语句，当提示符“>>>”再次出现时方可输入下一条语句，按<Enter>键运行并输出结果。

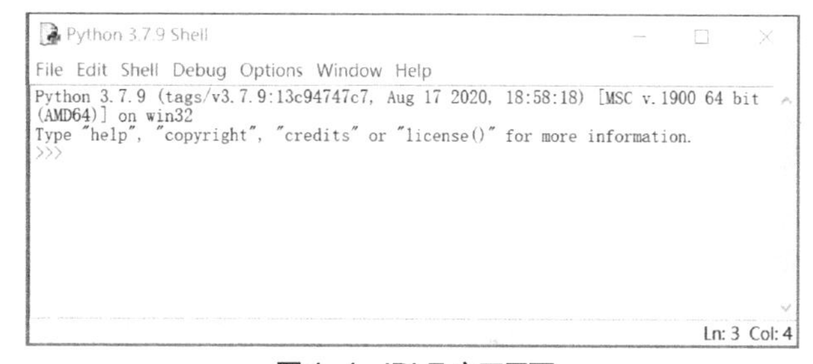

图 1-4　IDLE 交互界面

如果要执行大段代码，也为了方便反复修改，则可以在 IDLE 中选择“File”→“New File”命令来创建一个程序文件，将其保存为扩展名为“.py”的文件，然后按<F5>键或选择“Run”→“Run Module”命令运行程序，结果会显示到交互式窗口中，如图 1-5 所示。

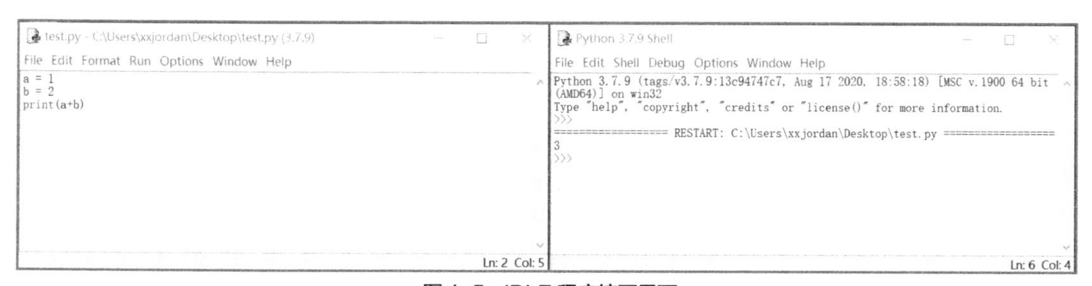

图 1-5　IDLE 程序编写界面

1.2.3　Anaconda3

Anaconda 是包含科学计算包的 Python 发行版本，它包含 Conda、Python 在内的超过 180 个数据科学包及其依赖项。Anaconda3 集成了大量常用的扩展库，并提供 Jupyter Notebook 和 Spyder 两个开发环境，因此，它得到了广大初学者和教学、科研人员的喜爱。

可以在 Anaconda 官方网站或者清华大学开源镜像站（“httpAddr-001”）下载 Anaconda3-2020.02-Windows-x86_64.exe，安装过程如图 1-6 所示。

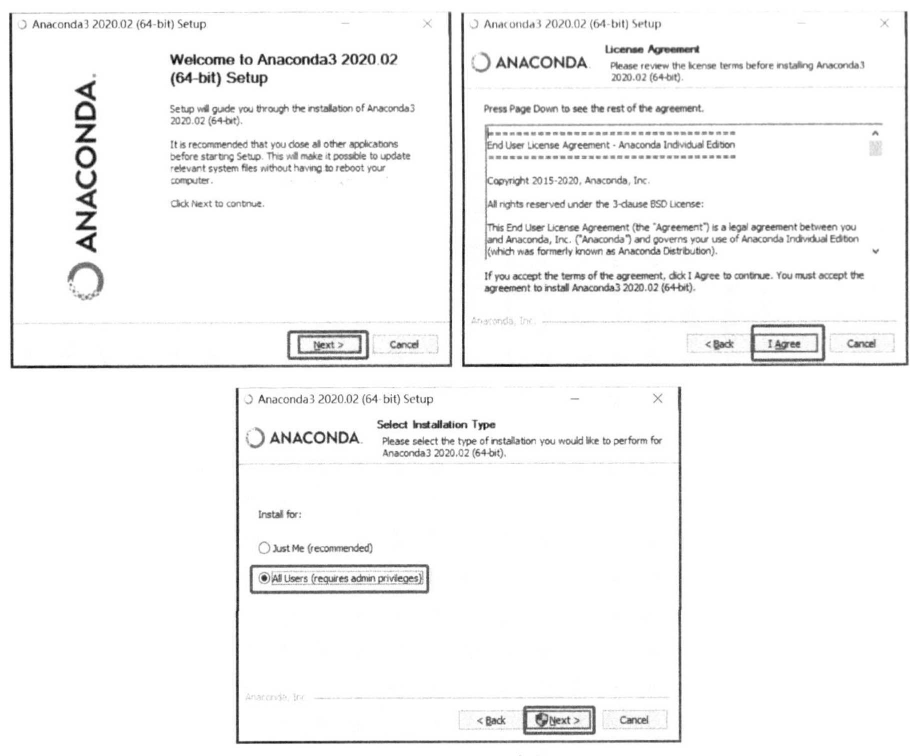

图 1-6　Anaconda 安装界面

1. Jupyter Notebook

Jupyter Notebook 是基于网页的用于交互计算的应用程序，可应用于全过程计算、开发、文档编写、运行代码和展示结果。Jupyter Notebook 以网页的形式打开，可以在网页页面中直接编写代码和运行代码，代码的运行结果也会直接在代码块下方显示。如果在编程过程中需要编写说明文档，可在同一个页面中直接编写，便于进行及时说明和解释。

在 CMD 命令窗口中输入“jupyter notebook”以启动 Jupyter Notebook，启动时会打开一个网页，在该网页右上角选择“New”→“Python 3”命令后，会打开一个新窗口，即可编写和运行 Python 代码，如图 1-7 所示。另外，还可以选择“File”→“Download as”命令将当前代码及运行结果保存为不同格式的文件，方便日后学习和演示。

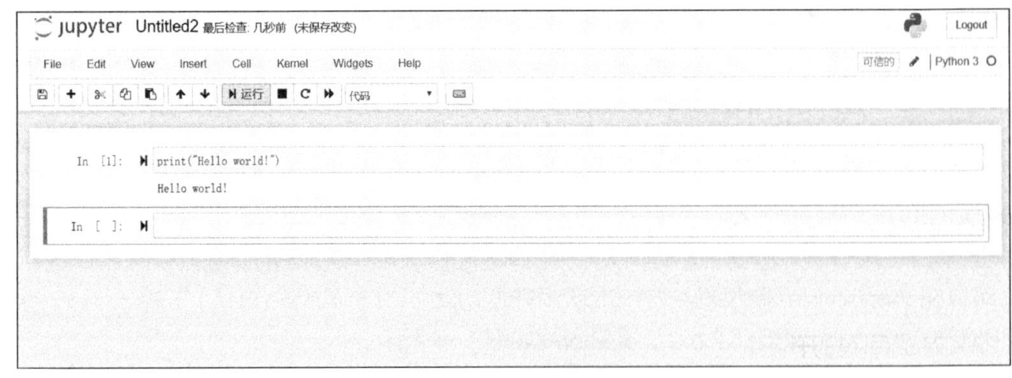

图 1-7　Jupyter 编程界面

2. Spyder

Anaconda3 自带的集成开发环境 Spyder 同时提供了交互式开发界面和程序编程与运行界面，以及程序调试和项目管理功能，使用非常方便，如图 1-8 所示。单击工具栏中绿色的“Run File”按钮运行程序，在交互式窗口中显示运行结果。

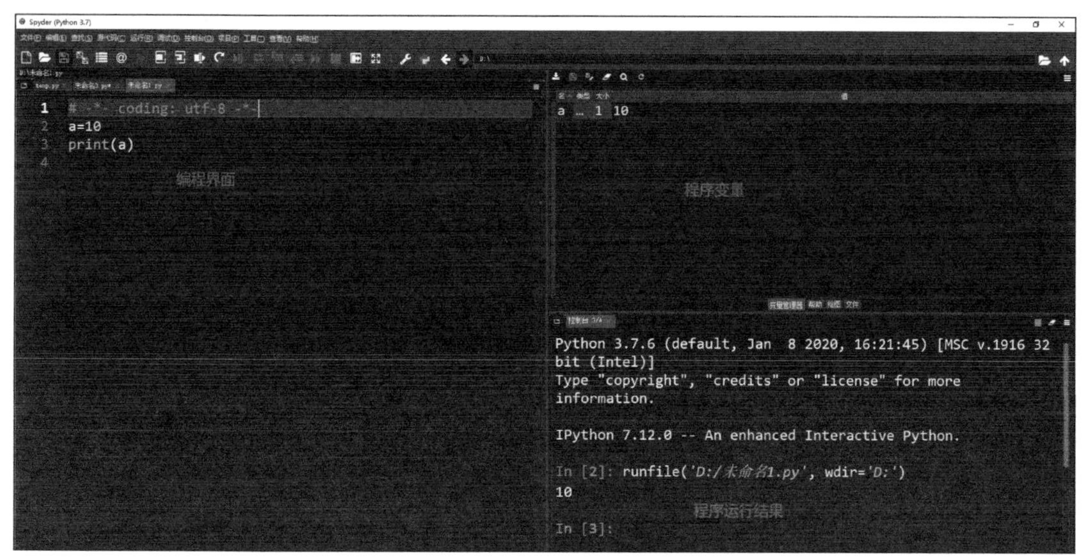

图 1-8 Spyder 编程界面

1.2.4 PyCharm

PyCharm 是在工业领域使用较多的 Python 开发环境，拥有强大的智能提示和项目管理功能。

打开网址（“httpAddr-002”）后下载合适的版本并进行安装。下载和安装过程如图 1-9 和图 1-10 所示。

图 1-9 下载 PyCharm

安装完成后，打开软件，选择“File”→“New Project”命令，建立一个新的工程，然后在左侧“Project”界面单击鼠标右键，新建一个 Python 文件，开始编程，界面如图 1-11 所示。

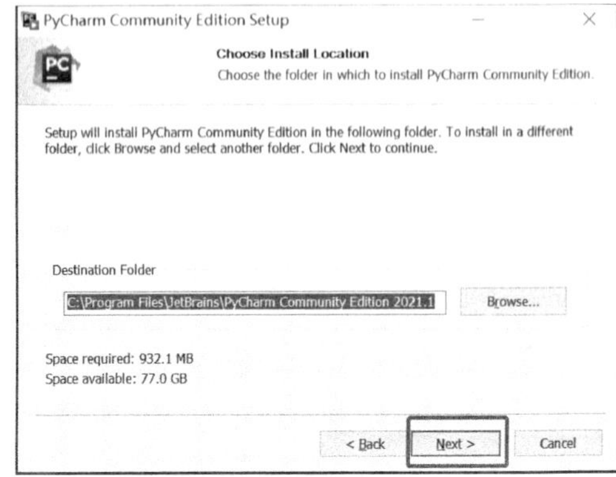

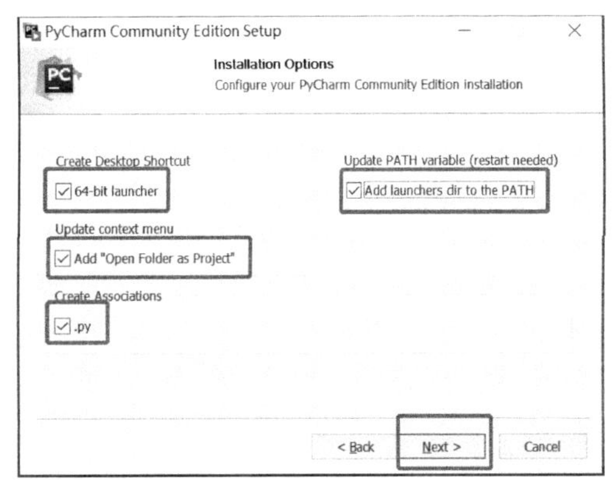

图 1-10　安装 PyCharm

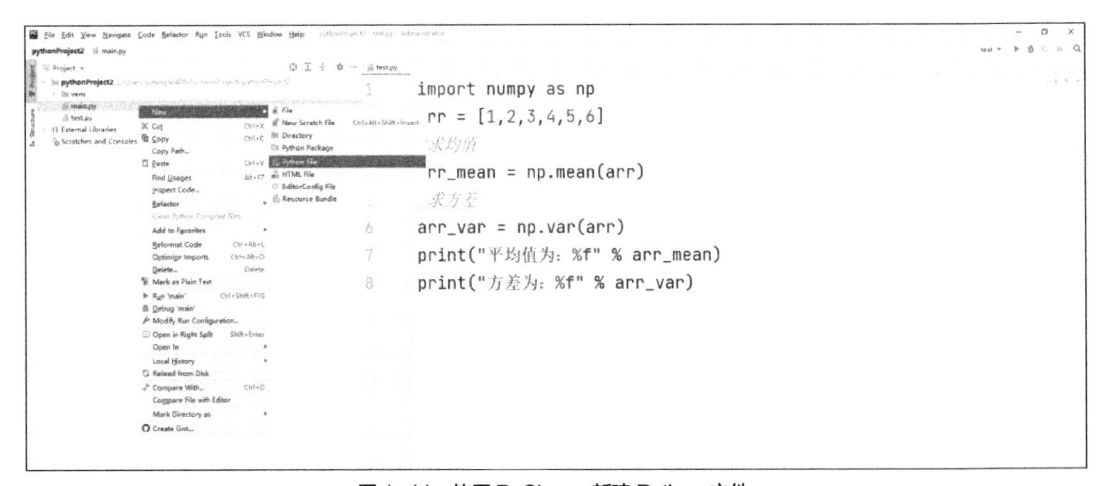

图 1-11　使用 PyCharm 新建 Python 文件

在编程区域进行编程，然后保存为 test.py 文件，在该文件上单击鼠标右键，选择“Run test”命令运行程序后，界面如图 1-12 所示。

安装 PyCharm 之后，为了能够识别扩展库，需要配置 Python 解释器路径。选择“File”→“Settings”命令，然后单击“Python Interpreter”，单击右上角的配置按钮，单击“add”，如图 1-13 所示，接着选择路径，选择 Python 的安装目录下的 python.exe，最后单击“OK”按钮确定，如图 1-14 所示。

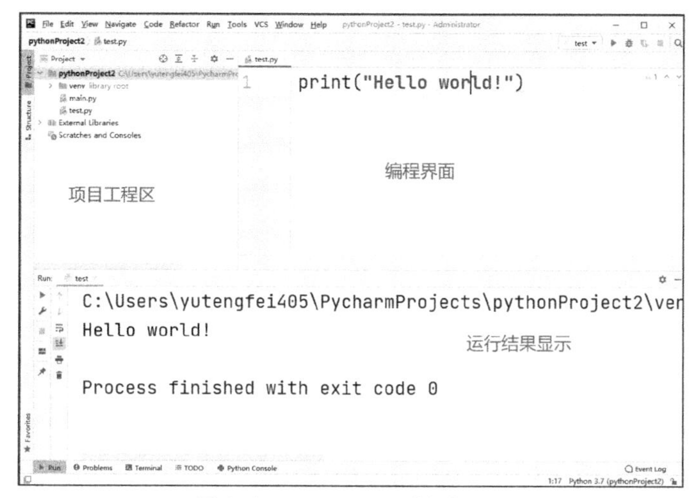

图 1-12　PyCharm 程序运行界面

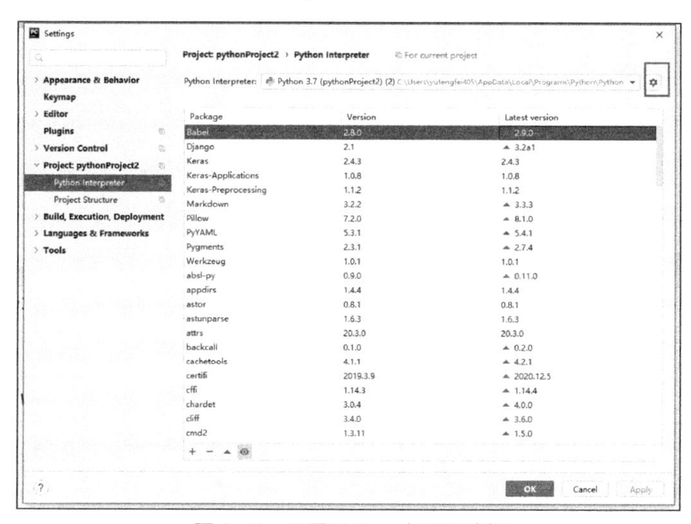

图 1-13　配置 Python 解释器路径

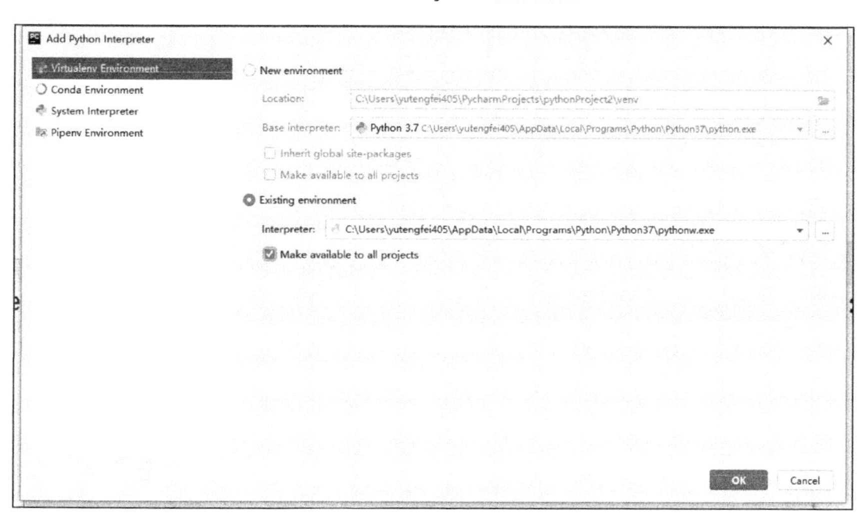

图 1-14　设置 Python 扩展库路径

【案例 1】安装 Python 运行环境，编写第一个程序。

（1）在 Windows 系统的“开始”菜单上，单击鼠标右键，选择“搜索”命令，输入 IDLE，单击打开。

（2）输入 print("Hello World!")，按<Enter>键，显示如图 1-15 所示。

```
Python 3.7.9 Shell
File Edit Shell Debug Options Window Help
Python 3.7.9 (tags/v3.7.9:13c94747c7, Aug 17 2020, 18:58:18) [MSC v.1900 64 bit
(AMD64)] on win32
Type "help", "copyright", "credits" or "license()" for more information.
>>> print("Hello World")
Hello World
>>>
                                                              Ln: 5 Col: 4
```

图 1-15　交互界面编程

（3）单击“File”→“New File”，创建一个新的 py 文件。

（4）单击“File”→“Save”，保存为 test.py 文件，路径自定。

（5）输入 print("Hello World!"*3)，单击“Run”→“Run Module”命令运行程序，运行结果如图 1-16 所示。

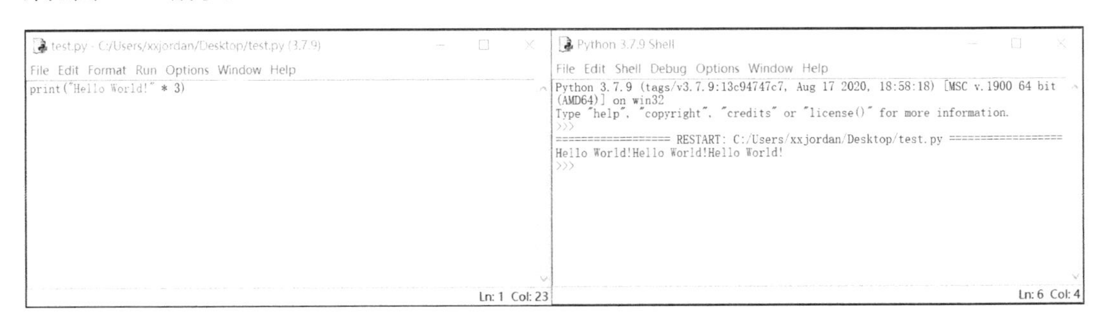

图 1-16　程序运行结果

1.3 Python 编程规范和扩展库

1.3.1　编程规范

Python 非常重视代码的可读性，对代码布局和排版有严格的要求。这里重点介绍 Python 社区对代码编写的一些共同的要求、规范和一些常用的优化建议，读者最好在开始编写第一段代码时就遵循这些规范和建议，养成良好的习惯。

（1）严格使用缩进来体现代码的逻辑从属关系。Python 对代码缩进是有硬性要求的，这一点必须时刻注意。在函数定义、类定义、选择结构、循环结构、with 语句等结构中，对应的函数体或语句块必须有相应的缩进，并且一般以 4 个空格为一个缩进单位。

（2）每个 import 语句只导入一个模块，最好按标准库、扩展库、自定义库的顺序依次导入。尽量避免导入整个库，尽量只导入确实需要使用的对象。

（3）在每个类、函数定义和一段完整的功能代码之后应增加一个空行，在运算符两侧各增加一个空格，逗号后面增加一个空格。

（4）尽量不要写过长的语句。如果语句过长，可以考虑拆分成多个短语句，以保证代码具有较好的可读性。如果语句确实太长而超过屏幕宽度，最好使用续行符“ \ ”，或者使用圆括号把多行代码括起来表示为一条语句。

（5）书写复杂的表达式时，建议在适当的位置加上括号，这样可以更加明确各种运算的隶属关系和顺序。

（6）对关键代码和重要的业务逻辑代码进行必要的注释。在 Python 语言中有两种常用的注释形式：“ # ”和“"""”。“ # ”用于单行注释，“"""”常用于大段说明性文本的注释。

【案例 2】 Python 之禅。

在 Python 的交互界面中输入“import this”，按<Enter>键，会发现返回了一些程序设计规则，其目的是让 Python 的使用者在编码时谨记这些规则，如图 1-17 所示。

```
>>> import this
The Zen of Python, by Tim Peters

Beautiful is better than ugly.
Explicit is better than implicit.
Simple is better than complex.
Complex is better than complicated.
Flat is better than nested.
Sparse is better than dense.
Readability counts.
Special cases aren't special enough to break the rules.
Although practicality beats purity.
Errors should never pass silently.
Unless explicitly silenced.
In the face of ambiguity, refuse the temptation to guess.
There should be one-- and preferably only one --obvious way to do it.
Although that way may not be obvious at first unless you're Dutch.
Now is better than never.
Although never is often better than *right* now.
If the implementation is hard to explain, it's a bad idea.
If the implementation is easy to explain, it may be a good idea.
Namespaces are one honking great idea -- let's do more of those!
```

图 1-17　Python 程序设计规则

翻译如下。

- 优美胜于丑陋（Python 以编写优美的代码为目标）。
- 明了胜于晦涩（优美的代码应当是明了的，命名规范，风格相似）。
- 简洁胜于复杂（优美的代码应当是简洁的，不要有复杂的内部实现）。
- 复杂胜于凌乱（如果复杂不可避免，那代码间也不能有难懂的关系，要保持接口简洁）。
- 扁平胜于嵌套（优美的代码应当是扁平的，不能有太多的嵌套）。
- 间隔胜于紧凑（优美的代码有适当的间隔，不要奢望一行代码解决问题）。
- 可读性很重要（优美的代码是可读的）。
- 即便假借特例的实用性之名，也不可违背这些规则（这些规则至高无上）。
- 不要包容所有错误，除非你确定需要这样做（精准地捕获异常，不写 except: pass 风格的代码）。
- 当存在多种可能，不要尝试去猜测。而是尽量找一种，最好是唯一一种明显的解决方案（如果不确定，就用穷举法）。虽然这并不容易，因为你不是 Python 之父（这里的 Dutch 是指 Guido）。
- 做也许好过不做，但不假思索就动手还不如不做（动手之前要细思量）。
- 如果你无法向人描述你的方案，那肯定不是一个好方案；反之亦然（方案测评标准）。
- 命名空间是一种绝妙的理念，我们应当多加利用（倡导与号召）。

1.3.2 扩展库

在 Python 中，库或模块是指一个包含函数定义、类定义或常量的 Python 程序文件，一般并不对这两个概念进行严格区分。除了 math（数学模块）、random（与随机数以及随机化有关的模块）、datetime（日期时间模块）、collections（包含更多扩展性序列的模块）、functools（与函数以及函数式编程有关的模块）、Tkinter（用于开发 GUI 程序的模块）、urllib（与网页内容读取以及网页地址解析有关的模块）等大量标准库，Python 还有 openpyxl（用于读写 Excel 文件）、python-docx（用于读写 Word 文件）、NumPy（用于数组计算与矩阵计算）、SciPy（用于科学计算）、pandas（用于数据分析）、Matplotlib（用于数据可视化或科学计算可视化）、Scrapy（爬虫框架）、shutil（用于系统运维）、PyOpenGL（用于计算机图形学编程）、Pygame（用于游戏开发）、scikit-learn（用于机器学习）、TensorFlow（用于深度学习）等几乎渗透到所有领域的扩展库或第三方库。到目前为止，Python 的扩展库已经超过 8 万个，并且每天都在增加。在标准的 Python 安装包中，只包含了标准库，并不包含任何扩展库，开发人员可根据实际需要选择合适的扩展库进行安装和使用。Python 自带的 pip 工具是管理扩展库的主要方式，支持 Python 扩展库的安装、升级和卸载等操作。

【案例 3】计算平均值和方差。

第一步：先安装 NumPy 库。

打开 cmd 窗口，输入“pip install numpy”，如图 1-18 所示。

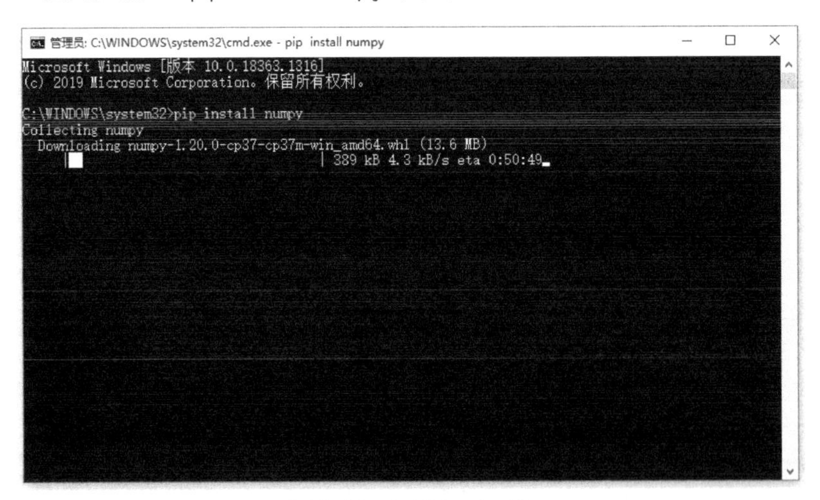

图 1-18　安装 NumPy 库

备注：官方扩展库下载较慢，可以使用镜像库进行安装，推荐使用清华镜像库，如下所示。

```
pip install -i httpAddr-018
```

第二步：在 IDLE 界面中新建文件，输入代码，如下所示。

```
import numpy as np
arr = [1,2,3,4,5,6]
arr_mean = np.mean(arr)  #求平均值
arr_var = np.var(arr)  #求方差
```

```
print(arr_mean)  #打印平均值
print(arr_var)  #打印方差
```

第三步：保存并运行文件，单击“Run”→“Run Module”，运行结果如图 1-19 所示。

```
Python 3.7.9 Shell
File Edit Shell Debug Options Window Help
Python 3.7.9 (tags/v3.7.9:13c94747c7, Aug 17 2020, 18:58:18) [MSC v.1900 64 bit (AMD64)] on win32
Type "help", "copyright", "credits" or "license()" for more information.
>>>
================= RESTART: C:\Users\xxjordan\Desktop\test.py =================
3.5
2.9166666666666665
>>>
Ln: 7 Col: 4
```

图 1-19 计算平均值和方差的运行结果

1.4 项目实训——姓名生成器

1. 实验需求

从 last_name（姓）列表和 first_name（名）列表中随机抽取姓名，并打印出来。

2. 实验步骤

（1）安装第三方库：pip install numpy。
（2）建立随机的 first_name 列表。
（3）建立随机的 last_name 列表。
（4）使用 NumPy 库中的方法：random.choice（在列中随机选取一个元素）。
（5）使用字符串拼接的方式，将生成的姓名打印出来。

3. 代码实现

```
# 姓名生成器
import numpy
first_name = ["万里","大山","大海","宇","莽","强辉","汉夫","长江","君雄","平山","希亮","四光","铁生","绍祖"]
last_name = ["彭","高","谢","马","宏","林","黄","章","范","谭","朱","李","张"]
xing= numpy.random.choice(last_name)
ming= numpy.random.choice(first_name)
print("本次生成的姓名为：",xing+ming)
```

运行结果：

```
本次生成的姓名为： 李君雄
```

4. 代码分析

此项目重点需要 Python 的第三方库 NumPy，并要求读者能够熟练使用 Python 中的数据存储模型——列表。

1.5 本章小结

本章首先介绍了 Python 的发展历史和特点，接着详细介绍了 Python 环境的安装和配置方法，对常用的几种开发环境进行了详细的讲解，最后对 Python 的编程规范和扩展库进行阐述，初学者可以先在 IDLE 环境下进行练习。

1.6 本章习题

一、单选题

1. 以下关于程序设计语言的描述，错误的选项是（　　）。
   A. Python 是一种脚本编程语言
   B. 汇编语言是直接操作计算机硬件的编程语言
   C. 程序设计语言经历了机器语言、汇编语言、脚本语言三个阶段
   D. 编译和解释的区别是一次性翻译程序还是每次执行时都要翻译程序
2. 以下选项中说法不正确的是（　　）。
   A. C 是静态语言，Python 是脚本语言
   B. 编译是将源代码转换成目标代码的过程
   C. 解释是将源代码逐条转换成目标代码同时逐条运行目标代码的过程
   D. 静态语言采用解释方式执行，脚本语言采用编译方式执行
3. 以下选项不属于 Python 语言特点的是（　　）。
   A. 支持中文　B. 与平台无关　C. 语法简洁　D. 执行高效
4. IDLE 环境的退出命令是（　　）。
   A. esc()　B. close()　C. <Enter>键　D. exit()
5. 关于 import 引用，以下选项中描述错误的是（　　）。
   A. 使用 import turtle 引入 turtle 库
   B. 可以使用 from turtle import setup 引入 turtle 库
   C. 使用 import turtle as t 引入 turtle 库，取别名为 t
   D. import 保留字用于导入模块或者模块中的对象

二、上机实践

1. 下载安装 Python 3.7.9 版本。
2. 使用 pip 工具安装扩展库：pandas、openpyxl 和 Pillow。
3. 下载并安装 Anaconda3。
4. 解释导入标准库与扩展库中对象的几种方法之间的区别。
5. 下载、安装和配置 PyCharm。

第 2 章 Python基础语言应用

02

内容导学

在开始用 Python 进行编程之前，我们需要掌握 Python 的代码规范和命名规则，养成良好的编程习惯。在 Python 基础语言中，最常见的数据类型包括整型、浮点型、布尔型和字符串，它们的处理方法各有不同，在操作数据的过程中，会有常量和变量。为了对程序中的数据进行运算，可以使用运算符将它们连接起来，构成各种各样的表达式。一个表达式就是一个算式，它将常量、变量、运算符、括号等组合在一起完成运算并求解各类问题。

函数是指可重复使用的程序段，可实现特定的功能，在程序中可以通过调用函数提高代码的复用性，提高编程效率和程序的可读性。为了更好地使用函数，可以在函数调用时向函数内部传递参数。

一个完整的程序是“数据结构+算法”，Python 的数据结构类型有元组、列表、字符串、字典和集合。掌握数据结构的修改、排序、比较、查找等基本操作可以更好地表示各种数据，解决相关问题。

通过本章的学习，读者能够快速掌握 Python 基础语言的特点和实际应用的技巧。

学习目标

① 理解变量类型的动态性。

② 掌握基本数据类型。

③ 掌握 Python 的基本语法。

④ 掌握 Python 运算符和表达式。

2.1 代码书写规范和命名规则

2.1.1 代码书写规范

（1）缩进：在 IDLE 中，一般以 4 个空格为基本缩进单位，缩进快捷键为<Ctrl+]>,反缩进快捷键为<Ctrl+[>。

（2）注释：为了增强代码的可读性，需要对代码进行解释和说明，通过注释可以注明作者和版权信息，对代码的用途做出解释，提高调试效率。一个可维护性和可读性高的程序一般会包含 30% 以上的注释。

① 单行注释：在 Python 中，使用“#”作为单行注释的符号。注释的内容从“#”开始直到换行结束，单行注释可以放在代码前一行，也可放在需要注释的代码右侧。例如，weight = float(input("请输入您的体重：")) # 要求输入体重，单位为千克，如 45。

② 多行注释：在'''……'''或者"""……"""之间，不属于任何语句的内容，被解释器认为是注释。

（3）import：一个 import 语句只导入一个模块。

（4）空格：一般在函数的参数列表之间、逗号两侧、二元运算符两侧都需要用空格来隔开。在函数的参数列表中，默认值等号两边不要添加空格，不要为了对齐赋值语句而使用额外空格。而在不同功能的代码之间、不同的函数定义、不同的类定义之间，建议增加一个空行以提升可读性。

（5）换行：使用反斜杠实现换行，二元运算符"+"等应出现在行末。长字符串也可以用该方法实现换行。复合语句（如 if/for/while）需要换行。

（6）引号：简单地说，自然语言使用双引号，如错误信息。机器标识使用单引号，如字典里的键。

2.1.2 命名规则

（1）模块名尽量使用小写字母命名，首字母保持小写，尽量不要用下画线（除非多个单词，且数量不多）。

```
# 正确的模块名
import decoder
import html_parser
# 不推荐的模块名
import Decoder
```

（2）类名有驼峰式（首字母大写）和下画线式（以一个下画线开头）。

```
class Farm():
    pass
class AnimalFarm(Farm):
    pass
class _PrivateFarm(Farm):
    pass
```

（3）函数名一律用小写字母，如果有多个单词，则用下画线隔开。

```
def run():
    pass
def run_with_env():
    pass
def _private_func():
    pass
```

（4）变量名尽量用小写字母，如果有多个单词，则用下画线隔开，常量全部采用大写字母，如果有多个单词，则用下画线隔开。

```
school_name = ''
```

（5）常量使用以下画线分隔的大写字母命名。

```
MAX_OVERFLOW = 100
```

2.2 常量与变量

常量是指在程序运行中值不能改变的量，例如，数字 3.0、字符串"Hello world."、元组(4,5,6)。而变量一般是指在程序运行中其值可以变化的量。在 Python 中，创建变量时不需要声明类型。赋值语句可以直接创建任意类型的对象并赋值给变量，例如，下面第一条语句创建了整型对象 5，并赋值给变量 x。

```
>>>x = 5
>>>type(x) #查看变量类型
```

运行结果：<class 'int'>

```
>>>type(x) == int
```

运行结果：True

赋值语句的执行过程：首先把等号右侧表达式的值计算出来，然后在内存中寻找一个位置存储该值，再创建变量并指向这个内存地址，Python 变量并不直接存储值，而是存储值的内存地址或者引用，这也是变量类型随时可以改变的原因，Python 是一种弱类型的编程语言，Python 解释器会根据赋值运算符右侧表达式的值来自动推断变量类型。

在 Python 中定义变量名时，需要遵守以下规范。

- 变量名必须以字母、数字或下画线开头。
- 变量名中不能有空格或标点符号。
- 不能使用关键字作变量名，如 if、c、else、for、return，这样的变量名都是非法的。
- 变量名对英文字母的大小写敏感，如 student 和 Student 是不同的变量。

不建议使用系统内置的模块名、类型名或函数名，以及已导入的模块名及其成员名作变量名，如 id、max、len、list、min 等。

2.3 基本数据类型

1. 整型

整型是不带小数点的数据类型，如 1、520。整型数据对象不受数据位数的限制，只受可用内存大小的限制。

2. 浮点型

浮点型数据可以用来描述有小数点的实数，如 1.0、5.8 或者 52.3E-4，其中 E 表示 10 的幂，即 52.3×10^{-4}。

3. 布尔型（True 和 False）

布尔型数据是整型数据的子类型，布尔型数据只有两个取值：True 和 False，分别对应整型的 1 和 0。每一个 Python 对象都具有布尔值（True 或 False），进而可用于布尔测试（如用在 if 语句、while 语句中）。

```
>>>int(True), int(2 < 1)
```

运行结果：(1, 0)

```
>>>(False + 100) / 2 - (True // 2)
```

运行结果：50

```
>>>print('%s, %d' % (bool('0'), False))
```

运行结果：True, 0

4. 字符串

字符串就是一串字符的组合，可以使用单引号、双引号或三引号作为定界符来指定字符串。

```
>>>str1 = 'Hello world. '   # 使用单引号作为定界符
>>>str2 = "Python is a great language."   # 使用双引号作为定界符
>>>str = '''Harrison said, "Let\'s go."'''   # 不同定界符之间可以互相嵌套
>>>print(str)
```

运行结果：Harrison said, "Let' s go.

```
>>>str3 = 'Good ' + 'morning!'   # 连接字符串
>>>print(str3)
```

运行结果：Good morning!

5. 数据类型的转换

为了让不同的数据类型能在一起发挥作用，需要转换数据类型，在程序中引入 type()函数可以输出参数的数据类型，得到各个常量的数据类型。在数字的运算中 Python 会自动把整型数据转换成浮点型数据，如 2 转换为 2.0，但将浮点型数据转换为整型数据，原数据小数部分会被舍弃。上述规则总结为非复数转复数，非浮点型转浮点型，整型不变。

```
>>>1.0 + (5+2j)   # 非复数转复数
```

运行结果：(6+2j)

```
>>>4 + 6.0   # 非浮点型转浮点型
```

运行结果：10.0

```
>>>4 + 6   # 整型不变
```

运行结果：10

整型、浮点型可以通过 str()函数转换为字符串，数字字符串也可以通过 int()、float()函数转换为对应的整型和浮点型。

```
>>>str(10)  # 整型转字符串
```

运行结果：'10'

```
>>>str(0.5)  # 浮点型转字符串
```

运行结果：'0.5'

```
>>>int('10')  # 字符串转整型
```

运行结果：10

2.4 运算符和表达式

2.4.1 运算符

1. 算术运算符

常见的算术运算符如表 2-1 所示。

表 2-1 常见的算术运算符

运算符	描述
+	加：两个对象相加
-	减：得到负数或是两个数相减
*	乘：两个数相乘或返回一个被重复若干次的字符串
/	除：取两个数相除的结果
%	取模：返回两数相除的余数
**	幂：x**y 表示返回 x 的 y 次幂
//	取整除：返回商的整数部分（向下取整）

（1）“+”运算符除了用于算术加法，还可以用于字符串的连接，但不支持不同类型的对象之间相加或连接。

```
>>>'abcd' + '1234'  # 连接两个字符串
```

运行结果：'abcd1234'

```
>>>'A' + 1  # 不支持字符与数字相加，抛出异常
```

运行结果：Traceback (most recent call last):

（2）“*”运算符除了表示算术乘法，还可用于字符串类型与整数的乘法，表示序列元素的重复，

生成新的序列对象。

```
>>>'abc' * 3
```

运行结果：abcabcabc

（3）“/”和“//”运算符在 Python 中分别表示算术除法和算术求整商。

```
>>>3/2
# 数学意义上的除法
```

运行结果：1.5

```
>>>15 // 4
# 如果两个操作数都是整数，结果为整数
```

运行结果：3

```
>>>15.0//4
# 如果操作数中有实数，结果为实数形式的整数值
```

运行结果：3.0

```
>>>-15//4
# 向下取整
```

运行结果：-4

（4）“%”运算符可以用于整数或实数的求余数运算，还可以用于字符串格式化。

```
>>>789 % 23
# 求余数
```

运行结果：7

```
>>>123.45 % 3.2
# 可以对实数进行余数运算，注意精度问题
```

运行结果：1.849999999999996

```
>>>'%c,%d'%(65,65)
# 把 65 分别格式化为字符和整数
```

运行结果：A,65

```
>>>'%f,%s'%(65,65)
# 把 65 分别格式化为实数和字符串
```

运行结果：65.000000,65

（5）“**”运算符表示幂运算。

```
>>>3 ** 2
#3 的 2 次方，等价于 pow(3,2)
```

运行结果：9

```
>>>9 ** 0.5
#9 的 0.5 次方，即 9 的平方根
```

运行结果：3.0

```
>>>3 ** 2 ** 3
# 幂运算符从右往左计算
```

运行结果：6561

2. 关系运算符

Python 的关系运算符可以连用，要求操作数之间必须可比较大小，常见的关系运算符如表 2-2 所示。

表 2-2 常见的关系运算符

运算符	描述
==	等于：比较对象是否相等
!=	不等于：比较两个对象是否不相等
<>	不等于：比较两个对象是否不相等。Python 3 已废弃
>	大于：x>y 表示返回 x 是否大于 y
<	小于：x<y 表示返回 x 是否小于 y。所有比较运算符返回 1 表示真，返回 0 表示假。这分别与特殊的变量 True 和 False 等价
>=	大于等于：x>=y 表示返回 x 是否大于等于 y
<=	小于等于：x<=y 表示返回 x 是否小于等于 y

```
>>>1 < 3 < 5
# 等价于 1 < 3 并且 3 < 5
```

运行结果：True

```
>>>3 < 5 > 2
```

运行结果：True

```
>>>'Hello' > 'world'
# 比较字符串大小
```

运行结果：False

```
>>>'Hello' > 3
# 字符串和数字不能比较
```

运行结果：TypeError: unorderable types: str()>int()

3. 赋值运算符

赋值运算符用来把右侧的值传递给左侧的变量（或者常量）。可以直接将右侧的值交给左侧的

变量，也可以先进行某些运算后再交给左侧的变量，如加、减、乘、除、函数调用、逻辑运算等，常见的赋值运算符如表 2-3 所示。

表 2-3　常见的赋值运算符

运算符	描述	实例
=	简单的赋值运算符	c = a + b，将 a + b 的运算结果赋值给 c
+=	加法赋值运算符	c += a，等效于 c = c + a
-=	减法赋值运算符	c -= a，等效于 c = c - a
*=	乘法赋值运算符	c *= a，等效于 c = c * a
/=	除法赋值运算符	c /= a，等效于 c = c / a
%=	取模赋值运算符	c %= a，等效于 c = c % a
**=	幂赋值运算符	c **= a，等效于 c = c ** a
//=	取整除赋值运算符	c //= a，等效于 c = c // a

```
>>>a = 1
>>>b = 2
>>>c = 0
>>>c+ = a
>>>print(c)
```

运行结果：1

```
>>>c// = b
>>>print(c)
```

运行结果：0

4. 逻辑运算符

逻辑运算符 and、or、not 常用来连接条件表达式构成更加复杂的条件表达式，并且 and 和 or 具有惰性求值或逻辑短路的特点，即“连接多个表达式时只计算必须要计算的值”，前面介绍的关系运算符也具有类似的特点，常见的逻辑运算符如表 2-4 所示。

表 2-4　常见的逻辑运算符

运算符	逻辑表达式	描述
and	x and y	布尔“与”：如果 x 为 False，x and y 返回 False，否则它返回 y 的计算值
or	x or y	布尔“或”：如果 x 是非 0，它返回 x 的值，否则它返回 y 的计算值
not	not x	布尔“非”：如果 x 为 True，返回 False。如果 x 为 False，它返回 True

```
# 注意，此时并没有定义变量 a
>>>3>5 and a>3
```

运行结果：False

```
# 3>5 的值为 False,所以需要计算后面表达式的值
>>>3>5 or a>3
```

运行结果：NameError: name 'a' is not defined

```
# 3<5 的值为 True,不需要计算后面表达式的值
>>>3<5 or a>3
```

运行结果：True

```
# and 和 or 连接的表达式的值不一定是 True 或 False
>>>3 and 5
```

运行结果：5

```
# 把最后一个计算的表达式的值作为整个表达式的值
>>>3 and 5>2
```

运行结果：True

```
# 逻辑非运算符 not
>>>3 not in [1, 2, 3]
```

运行结果：False

2.4.2 运算符优先级

在 Python 中，单个常量或变量可以看作最简单的表达式，使用赋值运算符之外的其他任意运算符连接的式子也属于表达式，在表达式中也可以包含函数调用。运算符优先级如表 2-5 所示。运算符优先级遵循的规则为：算术运算符优先级最高，其次是位运算符、关系运算符、赋值运算符、身份运算符、成员运算符、逻辑运算符，算术运算符遵循“先乘除，后加减”的基本运算原则，而相同优先级的运算符一般按从左往右的顺序计算，指数运算符除外。虽然 Python 运算符有一套严格的优先级规则，但是强烈建议在编写复杂表达式时尽量使用圆括号来明确说明其中的逻辑以提高代码的可读性。

表 2-5 运算符优先级

运算符	描述
**	指数（最高优先级）
*、/、%、//	乘、除、取模和取整除
+、-	加法、减法
&	位运算符
<=、<、>、>=、<>、==、!=	关系运算符
=、%=、/=、//=、-=、+=、*=、**=	赋值运算符
is　is not	身份运算符
in　not in	成员运算符
not　and　or	逻辑运算符

2.5 项目实训——成绩单生成系统

1. 实验需求

通过键盘输入相对应信息，并呈现出来。

2. 实验步骤

（1）需要用到 Python 本身携带的函数 input()。
（2）使用 input()输入函数，输入个人信息和成绩。
（3）使用 Python 包含的输出函数 print()，打印出输入的信息。

3. 代码实现

```
# 成绩单生成系统
# input() 函数接受一个标准输入数据，返回 string 类型
username = input("请输入姓名：")
gender = input("请输入性别：")
place = input("请输入籍贯：")
nation = input("请输入民族：")
cards = input("请输入身份证号：")
chinese = input("请输入语文成绩：")
math = input("请输入数学成绩：")
eng = input("请输入英语成绩：")

print("-" * 30)
print("            成绩证书 ")
print(" 姓名：%s      性别：%s " % (username,gender))
print(" 籍贯：%s      民族：%s " % (place,nation))
print(" 身份证号：%s" % cards)
print(" 科目            分数")
print(" 语文             %s" % int(chinese))
print(" 数学             %s" % int(math))
print(" 英语             %s" % int(eng))
print(" 总分             %s" % (int(chinese)+int(math)+int(eng)))
print("-" * 30)
```

运行结果：

```
请输入姓名：中慧
请输入性别：男
请输入籍贯：四川成都
请输入民族：汉
请输入身份证号：213×××××××××××××××
请输入语文成绩：78
请输入数学成绩：98
```

```
请输入英语成绩：89
******************************
          成绩证书
 姓名：中慧          性别：男
 籍贯：四川成都      民族：汉
 身份证号：213×××××××××××××××
 科目        分数
 语文         78
 数学         98
 英语         89
 总分         265
******************************
```

4. 代码分析

此项目重点需要读者掌握 Python 自身携带的两个函数：输入（input）和输出（print），并能够熟练使用格式化输出语句。

2.6 本章小结

本章主要介绍了 Python 内置函数的基本使用方法和常用的运算符，Python 主要的内置对象包括数字、序列、集合、字典，其中常用的序列为字符串、列表和元组。练习中需要掌握内置对象的特点和基本操作方法，其中数字、字符串、元组为不可变数据，列表、集合、字典为可变数据。使用时需要注意不同数据类型的特点和相互转换的方法，从而灵活运用。常用的运算符包括算术运算符、关系运算符、赋值运算符等，使用时需要注意不同运算符的优先级。

Python 3 所有的数据类型均采用类来实现，使用时注意采用面向对象的方法来实现程序设计，所有的数据都为对象，通过调用类对象来创建相应的实例对象，从而实现程序的便捷开发。

2.7 本章习题

一、单选题

1. Python 标准库 math 中用来计算平方根的函数是（   ）。
   A. sqrt()   B. pow()   C. exp()   D. expml()
2. 在 Python 中（   ）表示空类型。
   A. Nothing   B. None   C. No   D. Without
3. 查看变量内存地址的 Python 内置函数是（   ）。
   A. id()   B. locals()   C. set()   D. ord()
4. 表达式 3 // 5 的值为（   ）。
   A. 3   B. 5   C. 3/5   D. 0

二、判断题

1. 已知 x = 3，那么赋值语句 x = 'abcedfg'是无法正常执行的。（   ）

2. 0012f 是合法的八进制数字。 (　　)

3. x = 9999*0999 这样的语句在 Python 中无法运行，因为数字太大超出了整型的表示范围。 (　　)

4. Python 变量使用前必须先声明，并且一旦声明就不能在当前作用域内改变其类型了。 (　　)

第 3 章 Python序列结构

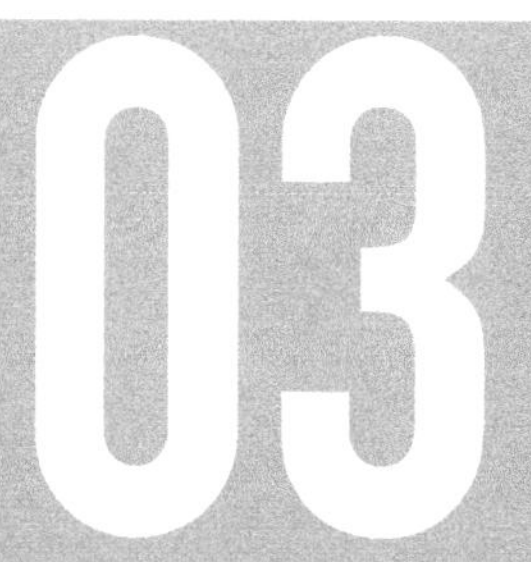

▶ 内容导学

前面章节已经讲述了 Python 中的简单数据类型，此外，Python 中还包含组合数据类型，包括字符串、元组、列表、字典、集合，组合数据类型的对象是一个数据的容器，可以包含多个有序和无序的数据项。

▶ 学习目标

① 理解 Python 序列结构的分类。
② 掌握字符串格式化处理方法。
③ 掌握字符串常用方法和运算符的使用方法。
④ 掌握列表的常用操作方法。
⑤ 掌握元组的常用操作方法。
⑥ 理解字典和集合的概念。
⑦ 掌握字典和集合的常用操作方法。

3.1 Python 序列结构分类

Python 中的序列按照是否有序可分为有序序列和无序序列，有序序列包括字符串、元组、列表，无序序列包括集合和字典。按照序列是否可变可以分为不可变序列和可变序列，其中字符串和元组属于不可变序列，里面数据不允许修改；列表、集合和字典属于可变序列，用户可以根据自己的需求修改，具体的分类如图 3-1 所示。

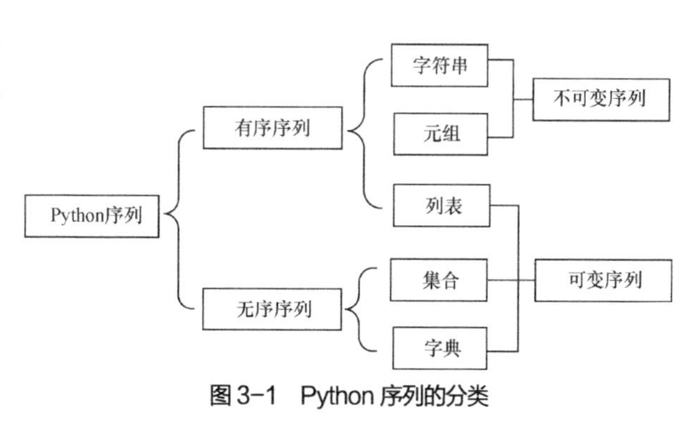

图 3-1　Python 序列的分类

3.2 字符串

3.2.1　字符串简介

字符串的意思就是“一串字符”，在 Python 中用引号括起来，里面可以包含任何的字符。Python 要求字符串必须使用引号括起来，使用单引号或双引号定界，字符串两边的引号需要配对使用，Python 中字符串定义如下所示。

```
str1 = "Python test"
str2 = "Python'test2' Python "
print(str1)
print(str2)
```

运行结果：

```
Python test
Python'test2' Python
```

在使用 Python 中的 print()函数时，经常要输入一些特殊的字符，但字符串中有些特殊的字符可能无法被识别，此时就需要使用转义字符。常用的转义字符如表 3-1 所示。

表 3-1　　常用的转义字符

转义字符	含义
\（在行尾时）	续行符
\\	打印反斜杠
\'	打印单引号
\"	打印双引号
\b	退格（看不到效果，都是一个问号）
\e	打印\e
\000	空
\n	换行
\v	纵向制表符
\t	横向制表符
\r	回车
\f	换页
\oyy	八进制数 yy 代表的字符，例如，\o12 代表换行
\xyy	十六进制数 yy 代表的字符，例如，\x0a 代表换行
\other	其他的字符以普通格式输出
字符串头加 r	表示原始字符串，将字符串内容全部转义

当使用转义字符时，转义字符作为特定符号，不再具有关键字等功能，相关练习如下。

```
str1 = "Python \nPython"
print(str1)
```

运行结果：

```
Python
Python
```

```
str = "Python \""
print(str)
```

运行结果：Python "

3.2.2 字符串格式化

字符串格式化的目的是方便字符串的拼接和显示，简化 Python 代码，以及减少创建多个字符串需要占用的内存空间。Python 字符串的格式化处理主要是将变量（对象）的值填充到字符串中，在字符串中解析 Python 表达式，对字符串进行格式化显示（左对齐、右对齐、居中对齐，保留数字有效位数）。常用的字符串格式化的方式包括“%”、format、f-Strings、标准库模板 4 种。

1. “%” 格式化

“%”格式化字符串的方式从 Python 诞生之初就已经存在，是一种最基本的字符串格式化的方法，在 Python 中，“%”的格式化方式和 C 语言是一致的，常用的“%”的格式化方法如下所示。

（1）整数的输出

- %o：采用八进制（oct）输出。
- %d：采用十进制（dec）输出。
- %x：采用十六进制（hex）输出。

相关练习如下。

```
>>>print('%d' % 20)
```

运行结果：20

（2）浮点数输出

- %f：输出时保留小数点后面 6 位有效数字。

例如，%.3f：输出时保留 3 位小数。

- %e：输出时保留小数点后面 6 位有效数字，以指数形式输出。

例如，%.3e：输出时保留 3 位小数，使用科学记数法。

- %g：输出时在保证 6 位有效数字的前提下，使用小数方式，否则使用科学记数法。

例如，%.3g：输出时保留 3 位有效数字，使用小数或科学记数法。

相关练习如下。

```
>>>print('%f' % 1.11)  # 默认保留 6 位小数
```

运行结果：1.110000

```
>>>print('%.1f' % 1.11)  # 取 1 位小数
```

运行结果：1.1

```
>>>print('%e' % 1.11)  # 默认保留 6 位小数，用科学记数法
```

运行结果：1.110000e+00

```
>>>print('%.3e' % 1.11)  # 取 3 位小数，用科学记数法
```

运行结果：1.110e+00

（3）字符串输出

- %10s：输出时右对齐，有 10 位占位符。

- %-10s：输出时左对齐，有 10 位占位符。
- %.2s：输出时截取 2 位字符串。
- %10.2s：输出时有 10 位占位符，截取 2 位字符串。

相关练习如下。

```
>>>print('%s' % 'hello world')  # 字符串输出
```

运行结果：hello world

```
>>>print('%20s' % 'hello world')  # 右对齐，取 20 位，不够则补位
```

运行结果：hello world

```
>>>print('%-20s' % 'hello world')  # 左对齐，取 20 位，不够则补位
```

运行结果：hello world

```
>>>print('%.2s' % 'hello world')  # 取 2 位
```

运行结果：he

字符串格式的类型较多，需要根据实际情况灵活使用，常用的“%”格式化方法如表 3-2 所示。

表 3-2 常用的“%”格式化方法

“%”格式化方法	含义
%d、%i	转换为带符号的十进制整数
%o	转换为带符号的八进制整数
%x、%X	转换为带符号的十六进制整数
%e	转化为科学记数法表示的浮点数（e 小写）
%E	转化为科学记数法表示的浮点数（E 大写）
%f、%F	转化为十进制浮点数
%g	智能选择使用%f 或%e 格式
%G	智能选择使用%F 或%E 格式
%c	格式化字符及其 ASCII 码
%r	使用 repr()函数将表达式转换为字符串
%s	使用 str()函数将表达式转换为字符串

2. format 格式化

相对于“%”格式化的方法，format()函数功能更强大，该函数把字符串当成一个模板，通过传入的参数来进行格式化，并且使用大括号“{}”作为特殊字符代替“%”，在开发过程中推荐使用此方式进行字符串格式化。

（1）位置匹配

- 不带编号，如“{}”。
- 带数字编号，可调换顺序，如“{1}”“{2}”。
- 带关键字，如“{a}”“{tom}”。

相关练习如下。

```
>>>print('{} {}'.format('hello','world'))  # 不带字段
```

运行结果：hello world

```
>>>print('{0} {1}'.format('hello','world'))  # 带数字编号
```

运行结果：hello world

```
>>>print('{0} {1} {0}'.format('hello','world'))  # 打乱顺序
```

运行结果：hello world hello

```
>>>print('{a} {tom} {a}'.format(tom = 'hello',a = 'world'))  # 带关键字
```

运行结果：world hello world

（2）格式转换

- 'b'：二进制。将数字以 2 为基数进行输出。
- 'c'：字符。在打印之前将整数转换成对应的 Unicode 字符串。
- 'd'：十进制整数。将数字以 10 为基数进行输出。
- 'o'：八进制。将数字以 8 为基数进行输出。
- 'x'：十六进制。将数字以 16 为基数进行输出，9 以上的位数用小写字母表示。
- 'e'：幂符号。用科学记数法打印数字。用'e'表示幂。
- 'g'：一般格式。将数值以 fixed-point 格式输出。当数值特别大时，用幂形式打印。
- 'n'：数字。当值为整数时和'd'相同，值为浮点数时和'g'相同。不同的是它会根据区域设置插入数字分隔符。
- '%'：百分数。将数值乘以 100 然后以 fixed-point('f')格式打印，值后面会有一个百分号。

相关练习如下。

```
>>>print('{0: b}'.format(3))
```

运行结果：11

```
>>>print('{: d}'.format(20))
```

运行结果：20

```
>>>print('{: o}'.format(20))
```

运行结果：24

```
>>>print('{: x}'.format(20))
```

运行结果：14

（3）左、中、右对齐及位数补全

- <（默认，左对齐）、>（右对齐）、^（中间对齐）、=（只用于数字，在小数点后进行补齐）。
- 取位数“{: 4s}”“{: .2f}”等。

相关练习如下。

```
>>>print('{} and {}'.format('hello','world'))  # 默认左对齐
```

运行结果：hello and world

```
>>>print('{: 10s} and {: >10s}'.format('hello','world'))  # 取10位左对齐，取10位右对齐
```

运行结果：hello   and   world

```
>>>print('{} is {: .2f}'.format(1.123,1.123))  # 取2位小数
```

运行结果：1.123 is 1.12

```
>>>print('{0} is {0: >10.2f}'.format(1.123))  # 取2位小数，右对齐，取10位
```

运行结果：1.123 is   1.12

```
>>>print('{: *^30}'.format('centered'))
```

运行结果：***********centered***********

3. f-Strings 格式化

f-Strings 是从 Python 3.6 开始加入标准库的格式化输出的新写法，这个格式化输出比之前的“%s”或者 format 效率高并且更加简化，更加好用。

（1）简单举例

f-Strings 的结构就是 F(f)+ str，在字符串中想替换的位置用{}占位，可直接识别字符串后面写入的替换内容，相关练习如下。

```
name = '小王'
age = 18
sex = '男'
msg = F'姓名：{name},年龄：{age}，性别：{sex}'  # F或f都可以
print(msg)
```

运行结果：

姓名：小王,年龄：18，性别：男

（2）多行 f 的使用

```
name = '小王'
age = 18
speaker = f'Hi {name}.'\
          f'You are {age} years old.'
print(speaker)
```

运行结果：Hi 小王.You are 18 years old.

（3）任意表达式

它可以加任意的表达式，非常方便，相关练习如下。

```
print(f'{3*21}')  # 63
```

运行结果：63

```
name = 'hsp'
print(f" {name.upper()}")  # 全部大写
```

运行结果：HSP

4. 标准库模板格式化

string.Template 将一个 string 设置为模板，通过一个字典替换变量的方法，最终得到想要的字符串。一般在需要处理由用户提供的输入内容时使用模板字符串 Template，因为其可以降低复杂性。相关练习如下。

```
from string import Template
name = 'Python'
t = Template('Hello $s!')
res = t.substitute(s = name)
print(res)
```

运行结果：Hello Python!

3.2.3 字符串常用方法

字符串操作是 Python 语言中常用的操作。在 Python 中处理字符串，是使用面向对象的方法进行处理的。把字符串看成一个对象，使用字符串对象的方法对其进行各种操作。字符串的基本用法可以分为性质判定、查找与替换、分切与连接、变形、删减与填充 5 类。

1. 性质判定

字符串的性质判定就是判断字符串的内容，具体方法如表 3-3 所示。

表 3-3 字符串性质判定方法

方法名	功能描述
isalnum()	是否全是字母和数字，并至少有一个字符
isalpha()	是否全是字母，并至少有一个字符
isdigit()	是否全是数字，并至少有一个字符
islower()	字符串中字母是否全是小写
isupper()	字符串中字母是否全是大写
isspace()	是否全是空白字符，并至少有一个字符
istitle()	判断字符串每个单词是否都有且只有第一个字母是大写
startswith(prefix[,start[,end]])	用于检查字符串是否是以指定子字符串 prefix 开头，如果是，则返回 True；否则返回 False。如果参数 start 和 end 指定值，则在指定范围内检查
endswith(suffix[,start[,end]])	用于判断字符串是否以指定后缀 suffix 结尾，如果以指定后缀结尾，则返回 True；否则返回 False。可选参数 start 与 end 为检索字符串的开始与结束位置

字符串性质判定方法相关练习如下所示。

```
str = "Python"
print(str.isalnum())
```

运行结果：True

```
str = "Python"
print(str.startswith('p'))# 检查 str 是否以 p 开头
```

运行结果：True

```
str = "Python"
print(str.startswith('t',2,5)) # 检查 str 的第 2 位到第 5 位是否包括 t
```

运行结果：True

2. 查找与替换

字符串查找与替换是经常用到的字符串操作，具体方法如表 3-4 所示。前面 5 个方法都可以接受 start、end 参数，也可以省略。

表 3-4　字符串查找与替换方法

方法名	功能描述
count(sub[,start[,end]])	统计字符串里某个字符 sub 出现的次数。可选参数为字符串搜索的开始与结束位置。这个数值在调用 replace()方法时可以用到
find(sub[,start[,end]])	检测字符串中是否包含子字符串 sub，如果指定 start（开始）和 end（结束）范围，则检查子字符串 sub 是否包含在指定范围内，如果包含子字符串，则返回开始的索引值；否则返回–1
index(sub[,start[,end]])	与 find()方法一样，但如果 sub 不在 string 中，则会抛出 ValueError 异常
rfind(sub[,start[,end]])	类似于 find()方法，但该方法从右边开始查找
rindex(sub[,start[,end]])	类似于 index()方法，但该方法从右边开始查找
replace(old,new[,count])	用来替换字符串的某些子串，用 new 替换 old。如果指定 count 参数，则最多替换 count 次，如果不指定，就全部替换

字符串查找与替换方法相关练习如下。

```
>>>str1 = "hello world!"
>>>str1.find('wo')
```

运行结果：6

```
>>>str1.find('m')
```

运行结果：-1

```
>>>str1 = "hello world!"
>>>str1.index('w')
```

运行结果：6

```
>>>str1.index('w',1,5)
```

运行结果：ValueError: substring not found

3. 分切与连接

字符串分切就是将一个字符串分成几个片段，字符串连接就是将几个字符串合并成一个字符串，具体方法如表 3-5 所示。

表 3-5　字符串分切与连接方法

方法名	功能描述
partition(sep)	用来根据指定的分隔符将字符串进行分割，如果字符串包含指定的分隔符，则返回一个三元的元组，第 1 个为分隔符左边的子串，第 2 个为分隔符本身，第 3 个为分隔符右边的子串。如果 sep 没有出现在字符串中，则返回值为(sep,'','')
rpartition(sep)	类似于 partition()函数,不过是从右边开始查找
splitness([keepends])	按照行('\r','\r\n', \n')分隔，返回一个包含各行作为元素的列表，如果参数 keepends 为 False，表示不包含换行符，如果为 True，则保留换行符
split(sep[,maxsplit]])	通过指定分隔符对字符串进行切片，如果指定参数 maxsplit 的值，则仅分隔 maxsplit 个子字符串，返回分隔后的字符串列表
rsplit(sep[,maxsplit]))	同 split()方法，它从右边开始查找
join()	将列表或元组众多的字符串合并成一个字符串

字符串分切与连接相关练习如下。

```
>>>s = 'abcdefghijklmn'
>>>s[0: 4]   # 包括起始值（元素）不包括结束值，默认步进值为 1
```

运行结果：'abcd'

```
>>>t = 'I love you more than I can say'
>>>t.split(' ')   # 按空格分切
```

运行结果：['I', 'love', 'you', 'more', 'than', 'I', 'can', 'say']

```
>>>s = 'hello'+'world'   # 用加号连接
>>>print(s)
```

运行结果：helloworld

```
>>>a = 'world'   # 用 join 连接
>>>s = '*'.join(a)
>>>print(s)
```

运行结果：w*o*r*l*d

4. 变形

字符串可以进行大小写转换等操作，以下方法都是进行大小写转换的，但是用途不同，需要在实际应用中灵活运用，具体方法如表 3-6 所示。

表 3-6　字符串变形方法

方法名	功能描述
lower()	将字符串中所有大写字符转换为小写
upper()	将字符串中所有小写字符转换为大写
capitalize()	将字符串的第一个字母转换为大写，其他字母转换为小写
swapcase()	用于对字符串的大小写字母进行转换，大写转小写，小写转大写
title()	返回“标题化”的字符串,就是说所有单词都是以大写开始，其余字母均为小写

字符串变形相关练习如下。

```
>>>s = "hello world"
>>>print(s.upper())
```

运行结果：HELLO WORLD

```
>>>print(s.title())
```

运行结果：Hello World

```
>>>print(s.capitalize())
```

运行结果：Hello world

5. 删减与填充

当有些场合需要按照指定的统一格式处理字符串时，需要用到字符串删减与填充操作，具体方法如表 3-7 所示。

表 3-7　字符串删减与填充方法

方法名	功能描述
strip([chars])	用于移除字符串头尾指定的字符（默认为空格），如果有多个就会删除多个
lstrip([chars])	用于截掉字符串左边的空格或指定字符
rstrip([chars])	用于截掉字符串右边的空格或指定字符
center(width[,fillchar])	返回一个原字符串居中,并使用fillchar填充至长度width的新字符串。默认填充字符为空格。如果指定的长度小于原字符串的长度则返回原字符串
ljust (width[,fillchar])	返回一个原字符串左对齐,并使用 fillchar 填充至指定长度的新字符串，默认为空格。如果指定的长度小于原字符串的长度则返回原字符串
rjust(width[,fillchar])	返回一个原字符串右对齐,并使用 fillchar 填充至指定长度的新字符串，默认为空格。如果指定的长度小于字符串的长度则返回原字符串
zfill(width)	返回指定长度的字符串，原字符串右对齐，前面填充 0

字符串删减与填充，相关练习如下。

```
>>>s = '---anj123kks+++'
>>>s.strip() # 删除两边的空白
```

运行结果：'---anj123kks+++'

```
>>>s.strip().strip('-+')  # 删除两边的空白和 '-+' 字符
```

运行结果：'anj123kks'

3.2.4 字符串运算符

- +：连接左右两端的字符串。
- *：重复输出字符串。
- []：通过索引获取字符串中的值。
- [start: stop: step]：开始，结束位置的后一个位置，步长。
- in：判断左端的字符是否在右面的序列中。
- not in：判断左端的字符是否不在右面的序列中。
- r/R：在字符串开头使用，使转义字符失效。

相关练习如下。

```
# 字符串使用 +
strs = "hello " + "world."
print(strs)
```

运行结果：hello world

```
# 字符串使用 *
strs = 'abc '
# 无论数字在哪一端都可以
print(3*strs)
```

运行结果：abc abc abc

```
print(strs * 3)
```

运行结果：abc abc abc

```
# 使用索引下标
strs = "hello world."
print(strs[4])
```

运行结果：o

```
print(strs[7])
```

运行结果：o

```
# 切片操作，左闭右开原则
strs = "hello world."
# 倒序输出字符串
print(strs[: : -1])
```

运行结果：.dlrow olleh

```
print(strs[6: 11: ])
```

运行结果：world

```
strs = "ABCDEFG"
print("D" in strs)
```

运行结果：True

```
print("L" in strs)
```

运行结果：False

```
print("D" not in strs)
```

运行结果：False

```
print("L" not in strs)
```

运行结果：True

```
# 使用r让字符串中的转义字符失效
print('a\tb')
```

运行结果：a　　b

```
print(r'a\tb')
```

运行结果：a\tb

3.2.5 项目实训——统计字符串英文和字母个数

1. 实验需求

统计输入的字符串中数字和字母的个数。

2. 实验步骤

（1）需要用到 Python 本身携带的函数 input()，输入字符串。

（2）建立字典格式的存储模型：包含文字、整数、空格和其他类型数据。

（3）根据 Python 分支语句和循环语句：if 和 for，获取文字、整数、空格和其他字符，并统计个数和打印。

3. 代码实现

```
s = input('请输入字符串：')
dic = {'letter': 0,'integer': 0,'space': 0,'other': 0}
```

```
for i in s:
    if i >'a' and i<'z' or i>'A' and i<'Z' : # 比较 ASCII 码值
        dic['letter'] + = 1
    elif i in '0123456789':
        dic['integer'] + = 1
    elif i =   = ' ':
        dic['space'] + = 1
    else:
        dic['other'] + = 1
print('统计字符串：',s)
print(dic)
```

运行结果：

```
请输入字符串：knowledge is power
统计字符串：knowledge is power
{'letter': 16, 'integer': 0, 'space': 2, 'other': 0}
```

4. 代码分析

此项目用到了 if 分支语句、for 循环语句和字典，对输入的字符串依次进行判断，并将判断的结果以计数的方式存入字典中，最后再输出。

3.3 元组

元组（tuple）为不可变序列，元组可以存放任意类型的对象，也可以存放可变序列，元组中的可变序列内容正常可变，但是元组内部元素的 id 不变。

3.3.1 元组的概念

Python 的元组与列表类似，但是元组的元素不能修改，元组使用圆括号包含元素，而列表使用方括号包含元素。元组创建的时候只需要在圆括号中添加元素，并使用逗号分隔即可，元组为不可变序列，不能修改，只能查询。

可以把元组看作是轻量级列表或者简化版列表，支持与列表类似的操作，但功能不如列表强大。在形式上，元组的所有元素放在一对圆括号中，元素之间使用逗号分隔，如果元组中只有一个元素则必须在最后增加一个逗号。相关练习如下。

```
t = (1,2.3,True,'star')      # 集合中可以存放不同数据类型数据
print(t)
print(type(t))               # 打印出数据类型
```

运行结果：

```
(1, 2.3, True, 'star')
<class 'tuple'>
```

```
t2 = (1,)     # 元组如果只有一个元素，后面要加逗号，否则数据类型不确定
print(type(t2))
```

运行结果：<class 'tuple'>

```
t3 = (1)
print(type(t3))
```

运行结果：<class 'int'>

3.3.2 元组的常用操作

1. 元组的赋值

当使用元组进行赋值时，可以单个赋值，也可以多个变量一起赋值，有多少个元素，就用多少个变量接收，相关练习如下。

```
t = ('westos',11,100)
name = t[0]
print(name)
```

运行结果：westos

```
t = ('westos',11,100)
name,age,score = t
print(name,age,score)
```

运行结果：westos 11 100

2. 元组排序

sorted()函数可以对所有可迭代的对象进行排序操作，默认是升序排序。sorted()函数功能非常强大，可以根据实际需求设置其参数，语法如下。

```
sorted(iterable, cmp = None, key = None, reverse = False)
```

参数说明。

- iterable：可迭代对象。
- cmp：用来进行比较的函数，具有两个参数，参数的值都是从可迭代对象中取出，此函数必须遵守的规则为，大于则返回 1，小于则返回-1，等于则返回 0。
- key：用来进行比较的元素，只有一个参数，具体的函数的参数就是取自于可迭代对象中，指定可迭代对象中的一个元素来进行排序。
- reverse：排序规则，reverse = True 为降序，reverse = False 为升序（默认）。

```
score = (100,89,45,78,65)
scores = sorted(score)
print(scores)
```

运行结果：[45, 65, 78, 89, 100]

```
score = (100,89,45,78,65)
```

```
scores = sorted(score,reverse = True)
print(scores)
```

运行结果：[100, 89, 78, 65, 45]

```
students = [('john', 'A', 11), ('jane', 'B', 12), ('dave', 'B', 10)]
students2 = sorted(students, key = lambda s: s[2])    # 按年龄排序
print(students2)
```

运行结果：[('dave', 'B', 10), ('john', 'A', 11), ('jane', 'B', 12)]

3. 索引、统计次数

```
t = (1,2.3,True,'westos','westos')
print(t.count('westos'))     # 出现次数
print(t.index(2.3))     # 索引
```

运行结果：

```
2
1
```

4. 数据组合成元组

```
name = 'westos'
age = 11
t = (name,age)
print('name: %s , age: %d' %(name,age))
print('name: %s , age: %d' %t)
```

运行结果：

```
name: westos , age: 11
name: westos , age: 11
```

3.3.3 项目实训——菜单生成器

1. 实验需求

通过输入的菜品和价格，打印出特定格式的菜单。

2. 实验步骤

（1）需要用到 Python 本身携带的函数 input()，从键盘输入菜品和价格。
（2）通过元组的自动组包特性，提取菜品和价格。
（3）再将提取到的菜品和价格，通过格式化输出的方式，以特定的格式打印出来。

3. 代码实现

```
# 菜单生成器
print("输入菜单的菜品,价格的格式如：红烧肉，28")
menu1 = input("请输入菜品、价格：")
menu2 = input("请输入菜品、价格：")
menu3 = input("请输入菜品、价格：")
ind1 = tuple(menu1.split("，"))
ind2 = tuple(menu2.split("，"))
ind3 = tuple(menu3.split("，"))
print("".center(27,'-'))
# chr(12288) 处理中文填充一致问题
print("|{: ^10}\t{: ^8} |".format("菜品","价格",chr(12288)))
print("|{: ^10}\t{: ^10}|".format(ind1[0],ind1[1],chr(12288)))
print("|{: ^10}\t{: ^10}|".format(ind2[0],ind2[1],chr(12288)))
print("|{: ^10}\t{: ^10}|".format(ind3[0],ind3[1],chr(12288)))
print("|{: ^10}\t{: ^10}|".format("总价",int(ind1[1])+int(ind2[1])+int(ind3[1]),chr(12288)))
print("".center(27,'-'))
```

运行结果：

```
输入菜单的菜品、价格的格式如：红烧肉，28
请输入菜品、价格：佛跳墙，289
请输入菜品、价格：小鸡炖蘑菇，86
请输入菜品、价格：青椒肉丝，28
---------------------------
|    菜品         价格       |
|   佛跳墙        289       |
|  小鸡炖蘑菇       86       |
|   青椒肉丝        28       |
|    总价         403       |
---------------------------
```

4. 代码分析

此项目通过将输入的数据组合成元组，即菜单，最后再利用格式化输出函数format()输出菜单内容。

3.4 列表

Python 语言中的列表（list）与 C 语言的数组非常类似，但使用方法要简单很多，Python 中的数据类型不需要声明，但在使用时必须赋值，列表是最常用的 Python 数据类型。列表中的元素下标从 0 开始，列表中的数据项不需要具有相同的类型，可以对列表进行索引、切片、加、乘、检查成员等操作。

3.4.1 列表的创建

```
>>>a = [] # 创建空列表
>>>print(a)
```

运行结果：[]

```
>>>color = ['red', 'green', 'blue'] # 创建一个列表
>>>print(color)
```

运行结果：['red', 'green', 'blue']

```
>>>print(color[0])   # 下标从 0 开始
```

运行结果：red

```
>>>print(color[-1])   # 输出最后一个元素
```

运行结果：blue

3.4.2 列表的常用操作

1. 访问列表中的值

一般使用下标索引来访问列表中的值，也可以使用方括号的形式截取列表中的值，如下所示。

```
list1 = ['physics', 'chemistry', 1997, 2000]
print(list1[0])
print(list1[1: 3])
```

运行结果：

```
physics
['chemistry', 1997]
```

2. 更新列表

对列表的数据项进行更新，需要使用 append()方法来添加列表项，如下所示。

```
list = []                  # 空列表
list.append('Python')      # 使用 append() 添加元素
list.append('Java')
print(list)
```

运行结果：['Python', 'Java']

```
list = [1,2,3,4,5]
list1 = list.copy()        # 复制 list 的内容
list2 = list               # 以镜像方式映射
print(list1)
print(list2)
list.append('Python')      # 当 list 中的数据发生变化时
print(list1)               # list1 是独立的列表，不变化
print(list2)               # list2 是镜像，跟着变化
```

运行结果：

```
[1, 2, 3, 4, 5]
[1, 2, 3, 4, 5]
[1, 2, 3, 4, 5]
[1, 2, 3, 4, 5, 'Python']
```

3. 删除列表元素

在列表中删除元素的时候，可以使用 del 语句、pop()方法、remove()方法 3 种途径来实现，但是它们的特点不同，其中，del 语句可以根据列表元素的位置删除元素；remove()方法可根据值的内容删除元素，当不知道所要删除元素在列表中的位置时，可用 remove()方法删除，需要注意的是，使用 remove()方法所删除的元素是列表中第一个配对的值；pop()方法能根据索引将指定的元素删除，删除后可返回删除的内容，当括号内为空时则删除该列表最后一个元素并将其返回。相关练习如下。

```
list1 = ['physics', 'chemistry', 1997, 2000]
del list1[2]   # del 语句
print(list1)
```

运行结果：['physics', 'chemistry', 2000]

```
list1 = ['physics', 'chemistry', 1997, 2000]
list1.remove(1997)       # remove()方法
print(list1)
```

运行结果：['physics', 'chemistry', 2000]

```
list1 = ['physics', 'chemistry', 1997, 2000]
list1.pop(1)
print(list1)
```

运行结果：['physics', 1997, 2000]

```
list1 = ['physics', 'chemistry', 1997, 2000]
a = list1.pop()      # 删除最后一个元素并将其返回
print(a)
```

运行结果：2000

4. Python 列表操作符

列表对“+”和“*”的操作与字符串相似。“+”用于组合列表，“*”用于重复列表，具体功能如表 3-8 所示。

表 3-8　Python 列表操作符功能

Python 表达式	结果	描述
len([1, 2, 3])	3	判断长度
[1, 2, 3] + [4, 5, 6]	[1, 2, 3, 4, 5, 6]	组合

续表

Python 表达式	结果	描述
['Hi!'] * 4	['Hi!', 'Hi!', 'Hi!', 'Hi!']	重复
3 in [1, 2, 3]	True	判断元素是否存在于列表中

3.4.3 列表的函数与方法

1. 列表的常用函数

Python 3 中列表的常用函数如表 3-9 所示，通过函数可以实现对列表的长度判断、查找列表的最大、最小值等操作。

表 3-9　　列表的常用函数

函数名称	功能描述
len(list)	返回列表中元素的个数
max(list)	返回列表中元素的最大值
min(list)	返回列表中元素的最小值
list(seq)	将元组转换为列表

列表的常用函数相关练习如下。

```
>>>list = [1,2,15,6,20]
>>>print(len(list))
```

运行结果：5

```
>>>print(max(list))
```

运行结果：20

```
>>>print(min(list))
```

运行结果：1

2. 列表的常用方法

Python 3 中列表的常用方法如表 3-10 所示。

表 3-10　　列表的常用方法

方法名称	功能描述
list.append(obj)	在列表末尾添加新的对象
list.count(obj)	统计某个元素在列表中出现的次数
list.extend(seq)	在列表末尾一次性追加另一个序列中的多个值（用新列表扩展原来的列表）
list.index(obj)	从列表中找出某个值第一个匹配项的索引位置
list.insert(index, obj)	将对象插入列表，index 为插入的位置，obj 为插入内容

续表

方法名称	功能描述
list.pop([index = −1])	移除列表中的一个元素（默认最后一个元素），并且返回该元素的值
list.remove(obj)	移除列表中某个值的第一个匹配项
list.reverse()	翻转列表中元素
list.sort(cmp = None, key = None, reverse = False)	对原列表进行排序，reverse = False 为升序，reverse = True 为降序，默认升序

通过将列表作为一个对象进行操作，相关练习如下。

```
a = [1,2,3,4]
a.append(5)
print(a)
```

运行结果：[1, 2, 3, 4, 5]

```
a = [1,2,4]
a.insert(2,100)
print(a)
```

运行结果：[1, 2, 100, 4]

```
list = [1, 2, 3, 4, 5, 6]
list.reverse()
print(list)
```

运行结果：[6, 5, 4, 3, 2, 1]

```
a = [2,4,6,7,3,1,5]
a.sort()
print(a)
```

运行结果：[1, 2, 3, 4, 5, 6, 7]

3.4.4 列表切片

切片不仅适用于列表，还适用于元组、字符串、range 对象等，但列表的切片具有强大的功能，它不仅可以截取列表中的任何部分并返回一个新列表，也可以修改和删除列表中的部分元素，甚至可以为列表对象增加元素。在形式上，切片使用两个冒号分隔的 3 个数字来完成，语法结构为：[start: end: step]。

- start 表示切片开始位置，默认为 0。
- end 表示切片截止位置（不包含此位置），默认为全部。
- step 表示切片的步长（默认为 1）。

当 start 为 0 时可以省略，当 end 为列表长度时可以省略，当 step 为 1 时可以省略，省略步长时还可以同时省略最后一个冒号。另外，当 step 为负整数时，表示反向切片，这时 start 应该在 end 的右侧。

切片最常见的用法是返回列表中部分元素组成的新列表。当切片范围超出列表边界时，不会因为下标越界而抛出异常，而是简单地在列表尾部截断或者返回一个空列表，代码具有更强的鲁棒性。

```
>>>aList = [3,4,5,6,7,9,11,13,15,17]
>>>aList[: : ]# 返回包含原列表中所有元素的新列表
```

运行结果：[3,4,5,6,7,9,11,13,15,17]

```
>>>aList[: : -1] # 返回包含原列表中所有元素的逆序列表
```

运行结果：[17, 15, 13, 11, 9, 7, 6,5,4,3]

```
>>>aList[: : 2] # 从下标 0 开始，隔一个取一个
```

运行结果：[3,5,7,11,15]

```
>>>aList[3: 6] # 指定切片的开始和结束位置
```

运行结果：[6,7,9]

```
>>>aList[0: 100] # 切片结束位置大于列表长度时，从列表尾部截断
```

运行结果：[3,4, 5, 6, 7, 9, 11, 13, 15, 17]

3.4.5 项目实训——创建考试成绩信息库

1. 实验需求

通过列表来保存学生信息。

2. 实验步骤

（1）先创建一个空列表，用来保存学生信息。
（2）通过循环，将输入的信息添加到列表中。
（3）将列表中的学生信息打印出来。

3. 代码实现

```
# 创建一个空列表，用来保存学生的姓名和成绩
student_score = []
while True:
    name = input("请输入学生姓名（输入 q 退出）：")
    if name = = "q":
        break
    student_score.append([name])# 每次创建一个新列表元素
    score = input("请输入英语，数学，语文的成绩（用逗号分隔）：")
    student_score[-1].append(score.split(','))# 将成绩传送给最后生成的列表
    print("学生成绩单为：{}" .format(student_score))
print("学生成绩单为：{}" .format(student_score))
```

运行结果：

```
请输入学生姓名（输入 q 退出）：张三
请输入英语，数学，语文的成绩（用逗号分隔）：63,91,78
学生成绩单为：[['张三', ['63', '91', '78']]]
请输入学生姓名（输入 q 退出）：李四
请输入英语，数学，语文的成绩（用逗号分隔）：91,72,86
学生成绩单为：[['张三', ['63', '91', '78']], ['李四', ['91', '72', '86']]]
请输入学生姓名（输入 q 退出）：q
学生成绩单为：[['张三', ['63', '91', '78']], ['李四', ['91', '72', '86']]]
```

4. 代码分析

此项目用到前置知识 while 循环，通过对列表进行操作，将数据添加到列表中并展示出来。

3.5 集合

集合（set）属于 Python 无序可变序列，使用一对大括号作为定界符，集合里面的元素是不允许重复的，而且是没有顺序的，集合的基本功能是进行成员关系测试和删除重复元素。

3.5.1 集合的概念和创建

集合是 Python 数据结构的另一种表现形式，构成集合的事物或对象称作元素或是成员，元素之间使用逗号分隔，同一个集合内的每个元素都是唯一的，不允许重复，而且集合中的元素是没有顺序的，只能包含数字、字符串、元组等不可变类型的数据，而不能包含列表、字典、集合等可变类型的数据。创建集合可以使用{}或者 set()函数，创建一个空集合必须用 set()函数而不是{}，因为{}是用来创建一个空字典的。集合的创建格式：set(value)，相关练习如下。

```
>>>a = ['a','b','a','b','a','b']
>>>b = set(a)
>>>print(b)
```

运行结果：{'a', 'b'}

创建一个集合对象可以用直接赋值的方式，也可以使用 set()函数将列表、元组、字符串、range 对象等其他可迭代对象转换为集合的方式，如果原来的数据中存在重复元素，则在转换为集合的时候只保留一个；如果原序列或迭代对象中有不可散列的值，则无法转换为集合，将抛出异常，相关练习如下。

```
>>>a = {3,5}
>>>print(a)
```

运行结果：{3, 5}

```
>>>a = set(range(8,14))   # range(8,14) 返回的是一个 8 到 13 的可迭代对象
>>>print(a)
```

运行结果：{8, 9, 10, 11, 12, 13}

3.5.2 集合的常用操作

1. 集合元素增加

使用集合对象的 add()方法可以增加新元素，如果该元素已存在，则忽略该操作，不会抛出异常，update()方法用于合并另外一个集合中的元素到当前集合中，并自动去除重复元素，相关练习如下。

```
>>>s = {1,2,3}
>>>s.add(3) # 添加元素，自动忽略重复的元素
>>>print(s)
```

运行结果：{1,2,3}

```
>>>s.update({3,4})# 更新当前字典，自动忽略重复的元素
>>>print(s)
```

运行结果：{1,2,3,4}

2. 集合元素查看与删除

集合对象是无序的，因此无法直接查看里面的数据，可以将集合转换为列表进行查看，或使用 pop()方法进行查看，但是 pop()方法的作用是随机删除并返回集合中的一个元素，如果集合为空则抛出异常；remove()方法用于删除集合中的元素，如果指定元素不存在则抛出异常；discard()方法用于从集合中删除一个特定元素，如果元素不在集合中则忽略该操作。

```
>>>s = {1,2,3,4}
>>>s.discard(5) # 删除元素，若元素不存在则忽略该操作
>>>print(s)
```

运行结果：{1,2,3,4}

```
>>>s.remove(5) # 删除元素，若元素不存在则抛出异常
```

运行结果：KeyError: 5

```
>>>s = {1,2,3,4}
>>>s.pop()# 删除并返回一个元素
```

运行结果：1

```
>>>print(s)
```

运行结果：{2,3,4}

3. 集合运算

内置函数 len()、max()、min()、sum()、sorted()、map()、filter()、enumerate()等也适用

于集合。另外，Python 集合还支持数学意义上的交集、并集、差集等运算，如表 3-11 所示。

表 3-11 Python 集合运算

Python 符号	含义
-	差集
&	交集
|	合集或并集
！=	不等于
==	等于
in	是内部成员
not in	不是内部成员

Python 中的集合运算非常方便，开发人员需要熟悉并灵活运用，需要注意的是，关系运算符“>”“>=”“<”“<=”作用于集合时表示集合之间的包含关系，不是集合中元素的大小关系。例如，两个集合 A 和 B，如果 A<B 不成立，不代表 A≥B 就一定成立，相关练习如下。

```
>>>a_set = set([8, 9, 10, 11, 12, 13])
>>>b_set = {0,1,2,3,7,8}
>>>print(a_set | b_set)      # 并集
```

运行结果：{0, 1, 2, 3, 7, 8, 9, 10, 11, 12, 13}

```
>>>print (a_set & b_set )   # 交集
```

运行结果：{8}

```
>>>print(a_set - b_set) # 差集
```

运行结果：{9,10,11,12,13}

```
>>>print(a_set ^ b_set) # 对称差集
```

运行结果：{0,1,2,3,7,9,10,11,12,13}

```
>>>{1,2,3}<{1,2,3,4}# 真子集
```

运行结果：True

```
>>>{1,2,4}<={1,2,3}
```

运行结果：False

```
>>>{1,2,4}>{1,2,3}
```

运行结果：False

3.5.3 集合的方法

Python 中集合的主要方法如表 3-12 所示。

表 3-12 集合的主要方法

集合方法	功能描述
add()	为集合添加元素
clear()	移除集合中的所有元素
copy()	复制一个集合
difference()	返回多个集合的差集
difference_update()	移除集合中的元素，该元素在指定的集合中也存在
discard()	删除集合中指定的元素
intersection()	返回集合的交集
intersection_update()	在原始的集合上移除不重叠的元素
isdisjoint()	判断两个集合是否包含相同的元素，如果没有返回 True，否则返回 False
issubset()	判断指定集合是否为该方法参数集合的子集
issuperset()	判断该方法的参数集合是否为指定集合的子集
pop()	随机移除元素
remove()	移除指定元素
symmetric_difference()	返回两个集合中不重复的元素集合
symmetric_difference_update()	移除当前集合中在另外一个指定集合中的相同元素，并将另外一个指定集合中不同的元素插入当前集合中
union()	返回两个集合的并集
update()	给集合添加元素

集合相关练习如下。

```
>>>s = {1,2,3,4}
>>>s.add(100)
>>>print(s)
```

运行结果：{1, 2, 3, 100, 4}

```
>>>a = s.copy()
>>>print(a)
```

运行结果：{1, 2, 3, 100, 4}

```
>>>s.clear()
>>>print(s)
```

运行结果：set()

3.5.4 项目实训——下载去重器

1. 实验需求

此项目根据集合的特性，删除重复下载的文件名。

2. 实验步骤

（1）建立一个空集合 set()。

（2）通过 input()函数输入需要下载的文件名。

（3）将通过 input()函数输入的文件名放到集合中，实现去重。

（4）将去重后的集合转成元组，并循环打印出需要下载的文件名。

3. 代码实现

```
# 下载去重器
# 下载集合
download = set()
file_name1 = input("请输入你要下载的文件名: ")
file_name2 = input("请输入你要下载的文件名: ")
file_name3 = input("请输入你要下载的文件名: ")
download.add(file_name1)
download.add(file_name2)
download.add(file_name3)
i = 0
#len() 获取集合个数
print("下载提示：")
while i<len(download):
    print("{}文件已下载...".format(tuple(download)[i]))
    i+ = 1
```

运行结果：

```
请输入你要下载的文件名: 海贼王
请输入你要下载的文件名: 西游记
请输入你要下载的文件名: 西游记
下载提示:
海贼王文件已下载...
西游记文件已下载...
```

4. 代码分析

此项目需要用到 Python 的数据存储模型——集合，通过集合的去重特性，将数据去重并转换，最后打印。

3.6 字典

字典是 Python 中另一个非常有用的内置数据类型。列表是有序的对象集合，字典是无序的对象集合。两者的区别在于：字典当中的元素是通过键来存取的，而不是通过偏移存取的。

3.6.1 字典的概念和创建

字典是一种映射类型，用“{}”标识，它是一个无序的键，即值的集合。键必须使用不可变类型。在同一个字典中，键必须是唯一的。使用赋值运算符“=”将一个字典赋值给一个变量即可创建一个字典变量，也可以使用内置类“dict”以不同形式创建字典。当不再需要字典时，可以直接用 del 将其删除。

```
>>>dict = {'name': 'abc','age': '18'}
>>>print(dict['name'])
```

运行结果：abc

```
>>>print(dict.keys())
```

运行结果：dict_keys(['name', 'age'])

```
>>>print(dict.values())
```

运行结果：dict_keys(['abc', '18'])

3.6.2 字典的常用操作

1. 字典元素的访问

字典中的每个元素表示一种映射关系或对应关系，将提供的键作为下标就可以访问对应的值，如果字典中不存在这个键则会抛出异常。

```
>>>aDict = {'age': 39, 'score' : [98, 97], 'name': 'Dong' , 'sex': 'male'}
>>>aDict['age' ] # 指定的键存在，返回对应的值
```

运行结果：39

```
>>>aD í ct['address' ] # 指定的键不存在，抛出异常
```

运行结果：KeyError: 'address'

字典对象提供了一个 get()方法，用来返回指定键对应的值，并且允许指定该键不存在时返回特定的值，如下所示。

```
>>>aDict.get('age') # 如果字典中存在该键，则返回对应的值
```

运行结果：39

```
>>>aDict.get('address' , 'Not Exists. ') # 指定的键不存在时返回指定的默认值
```

运行结果：'Not Exists.'

2. 元素的添加、修改

以指定键为下标，当为字典元素赋值时，若该键存在，则表示修改该键对应的值。若不存在，则表示添加一个新的“键：值”对，也就是添加一个新元素。

```
>>>aDict = {'age': 35, 'name': 'Dong', 'sex': 'male'}
>>>aDict['age' ] = 39     # 修改元素值
>>>print(aDict)
```

运行结果：{'age': 39, 'name': 'Dong', 'sex': 'male'}

```
>>>aDict['address'] = 'Yantai'  # 添加新元素
>>>print (aDict)
```

运行结果：{'age': 39, 'address': 'Yantai', 'name': 'Dong', 'sex': 'male'}

使用字典对象的 update()方法可以将另一个字典的“键：值”一次性全部添加到当前字典对象，如果两个字典中存在相同的键，则以另一个字典中的值为准对当前字典进行更新。

```
>>>aDict = {'age': 37, 'score': [98, 97], 'name': 'Dong', 'sex': 'male'}
>>>aDict. update({'a' : 97, 'age' : 39})# 修改 ′ age'键的值，同时添加新元素
>>>print (aDict)
```

运行结果：{'score': [98, 97], 'sex': 'male', 'a': 97, 'age' : 39, 'name': 'Dong'}

3. 元素的删除

可以使用字典对象的 pop()方法和 popitem()方法弹出并删除指定的元素，相关练习如下。

```
>>>aDict = {'age': 37, 'score': [98, 97], 'name': 'Dong', 'sex': 'male'}
>>>aDict.popitem()# 弹出一个元素，对空字典会抛出异常
```

运行结果：('sex', 'male')

```
>>>aDict = {'age': 37, 'score': [98, 97], 'name': 'Dong', 'sex': 'male'}
>>>aDict.pop('sex') # 弹出指定键对应的元素
```

运行结果：'male'

```
>>>print (aDict)
```

运行结果：{'age': 37, 'score': [98, 97], 'name': 'Dong'}

3.6.3 字典的方法

Python 中字典的主要方法如表 3-13 所示。

表 3-13 字典的主要方法

字典方法	功能描述
clear()	从字典删除所有项
copy()	创建并返回字典的浅拷贝（新字典元素为原始字典的引用）
get(key [,returnvalue])	返回 key 的值，若无 key 而指定了 returnvalue，则返回 returnvalue 值，若无此值则返回 None
has_key(key)	如果 key 存在于字典中，就返回 1（真）；否则返回 0（假）
items()	返回一个由元组构成的列表，每个元组都包含键值对
keys()	返回一个由字典所有键构成的列表
popitem()	删除任意键值对，并作为两个元素的元组返回。如字典为空，则返回 KeyError 异常

续表

字典方法	功能描述
setdefault(key [,dummvalue])	具有与 get()方法类似的行为。如 key 不在字典中，同时指定了 dummvalue，就将键（key）和指定的值（dummvalue）插入字典，如果没有指定 dummvalue，则值为 None
update(newDictionary)	将来自 newDictionary 的所有键值对添加到当前字典中，并覆盖同名键的值
values()	返回字典所有值组成的一个列表
iterkeys()	返回字典键的一个迭代器
iteritems()	返回字典键值对的一个迭代器
itervalues()	返回字典值的一个迭代器

字典方法相关练习如下。

```
s = {'a': 1, 'b': 2, 'c': 3}
s1 = s.copy() # 复制 s 的内容
s2 = s        # 以镜像方式映射
print(s1)
print(s2)
s['a'] = 100   # 当 s 中的数据发生变化时
print(s1)    # s1 是独立的字典，不会发生变化
print(s2)    # s2 是镜像，会发生变化
```

运行结果：

```
{'a': 1, 'b': 2, 'c': 3}
{'a': 1, 'b': 2, 'c': 3}
{'a': 1, 'b': 2, 'c': 3}
{'a': 100, 'b': 2, 'c': 3}
```

```
s = {'a': 1, 'b': 2, 'c': 3}
s.setdefault('d', 4)# key 不在字典中
print(s)
s.setdefault('a', 33) # key 在字典中
print(s)
```

运行结果：

```
{'a': 1, 'b': 2, 'c': 3, 'd': 4}
{'a': 1, 'b': 2, 'c': 3, 'd': 4}
```

3.6.4 项目实训——基于字典操作的学生成绩汇总

1. 实验需求

根据 Python 字典模型，统计学生的成绩。

2. 实验步骤

（1）创建学生成绩字典模型。

（2）获取字典模型中所有学生名，并去掉重复的学生成绩。

（3）识别出缺失学生的成绩数据，并填充 NaN。
（4）利用 Get（agrs1,args2）函数获取数据，有值则返回 args1，无值则返回 args2。

3. 代码实现

```
# 字典存储了英语、语文、数学成绩
English = {'张三': 85,'李四': 62,'王五': 96}
Math = {'李四': 66,'王五': 91,'赵六': 76}
Chinese = {'张三': 85,'李四': 62}
s = list(English.keys())+list(Math.keys())+list(Chinese.keys())# 将所有姓名存储到列表中
s = set(s)# 通过集合的方式去重
s = list(s)# 转换为列表方便读取
print("{: <{}} {: <{}} {: <{}} {: <{}}".format('科目',8,'English',8,'Math', 8,'Chinese',8))
for i in s:
  print("{: <{}} {: <{}} {: <{}} {: <{}}".format(i,8,English.get(i,'NaN'),8,\
  Math.get(i,'NaN'),8,Chinese.get(i,'NaN'),8))# 上下在同一行，format 指定宽度为 8
```

运行结果：

```
科目      English  Math     Chinese
赵六      NaN      76       NaN
李四      62       66       62
张三      85       NaN      85
王五      96       91       NaN
```

4. 代码分析

此项目需要用到 Python 的数据存储模型——字典，通过字典的操作方法，将空数据类型补充完整。

3.7 项目实训——成绩排行榜生成系统

1. 实验需求

此项目是使用 Python 数据存储模型（字典、列表）特性，记录和排序学生成绩，并格式化打印。

2. 实验步骤

（1）录入学生的姓名。
（2）通过循环的方式将学生信息添加到字典中。
（3）通过 Python 自带的 sorted()函数实现排序。
（4）使用格式化输出，打印成绩排行榜。

3. 代码实现

```
num = input("请输入你要录入的学生成绩数量：")
i = 0
print("输入学生名和三科总成绩格式如：张三，289")
```

```
stu = {}
# 添加学生信息
while i<int(num):
    student_info = input("请输入学生名和总成绩：")
    student_info_list = student_info.split("，")
    stu[student_info_list[0]] = int(student_info_list[1])
    i + = 1
# 字典排序
new_stu = sorted(stu.items(),key = lambda d: d[1],reverse = True)
## 显示学生信息
j = 0
print("{: ^10}\t{: ^6}\t{: ^8}".format("姓名","总成绩","排名",chr(12288)))
while j<len(new_stu):
    print("{: ^10}\t{: ^6}\t{: ^16}".format(new_stu[j][0],new_stu[j][1],j+1,chr(12288)))
    j + = 1
```

运行结果：

```
请输入你要录入的学生成绩数量：4
输入学生名和三科总成绩格式如：张三，289
请输入学生名和总成绩：张三，324
请输入学生名和总成绩：李四，333
请输入学生名和总成绩：王五，127
请输入学生名和总成绩：赵六，351
    姓名          总成绩         排名
    赵六          351            1
    李四          333            2
    张三          324            3
    王五          127            4
```

4．代码分析

此项目需要用到 Python 的数据存储模型的特性，循环获取学生信息，难点是使用 sorted() 函数输出成绩排行榜。

3.8 本章小结

本章主要介绍了 Python 中主要的组合数据类型，包括字符串、元组、列表、集合和字典等，按照序列是否有序分为有序序列和无序序列，按照序列是否可变可以分为不可变序列和可变序列，读者需要熟练掌握每种不同数据类型的特点和使用方法，熟悉不同数据类型的相互转换方法，并在编程中灵活运用，以提高程序运行效率。

3.9 本章习题

一、多选题

1．以下正确的字符串是（　　）。

A．'abc"ab"　　B．'abc"ab'　　C．"abc"ab"　　D．"abc\"ab"

2．下面对 count()、index()和 find()方法描述错误的是（　　）。

A. count()方法用于统计字符串里某个字符出现的次数

B. find()方法检测字符串中是否包含子字符串 str，如果包含子字符串则返回开始的索引值，否则会报一个异常

C. index()方法检测字符串中是否包含子字符串 str，如果 str 不在返回-1

D. 以上都错误

二、单选题

1. 假设列表对象 aList 的值为[3, 4, 5, 6, 7, 9, 11, 13, 15, 17]，那么 aList[3: 7]得到的值是（ ）。

A. [3, 7, 13]　　B. [4, 5, 6]　　C. [6, 7, 9, 11]　　D. [3, 7, 13, 17]

2. 任意长度的 Python 列表、元组和字符串中最后一个元素的下标为（ ）。

A. 1　　B. -1　　C. 0　　D. i

3. 表达式 list(range(1,10,3))的值为（ ）。

A. [1, 4, 7]　　B. [1, 10, 3]　　C. [1, 3, 10]　　D. [10, 3, 1]

4. 表达式 list(range(5))的值为（ ）。

A. [1, 2, 3, 4, 5]　　B. [0, 1, 2, 3, 4, 5]

C. [5, 4, 3, 2, 1]　　D. [0, 1, 2, 3, 4]

5. 表达式 sorted([111, 2, 33], key = lambda x: len(str(x)))的值为（ ）。

A. [111, 33, 2]　　B. [33, 2, 111]

C. [2, 33, 111]　　D. [33, 111, 2]

6. 已知 x = [3, 5, 7]，那么执行 x[len(x):] = [1, 2]之后，x 的值为（ ）。

A. [1, 2, 3, 5, 7]　　B. [7, 5, 3, 2, 1]

C. [2, 1, 3, 5, 7]　　D. [3, 5, 7, 1, 2]

7. 表达式[index for index, value in enumerate([3,5,7,3,7]) if value == max([3,5,7,3,7])]的值为（ ）。

A. [3, 5]　　B. [3, 7]　　C. [2, 4]　　D. [5, 7]

三、判断题

1. 已知 x 和 y 是两个等长的整数列表，那么表达式 sum((i*j for i,j in zip(x,y)))的作用是计算这两个列表所表示的向量的内积。（ ）

2. 表达式（i**2 for i in range(100))的结果是个元组。（ ）

四、编程题

1. 生成包含 20 个随机数的列表，然后将前 10 个元素进行升序排列，后 10 个元素进行降序排列，并输出这些数。

2. 让用户输入一个包含若干整数的列表，输出逆序后的列表。

第 4 章 程序控制结构

04

内容导学

Python 程序通过控制结构来更改程序的执行顺序以满足多样的功能需求，程序控制结构一般包括顺序结构、分支结构、循环结构三种。其中，顺序结构是程序按照线性顺序依次执行，分支结构是程序根据条件判断选择不同路径进行执行，循环结构是程序根据条件判断结果反复执行，这 3 种结构是编程语言的基础，需要熟练掌握。

学习目标

① 了解程序控制结构的种类。
② 掌握分支结构的使用方法。
③ 掌握循环结构的使用方法。
④ 学会异常处理的方法。

4.1 条件表达式

Python 程序默认为顺序结构，自上而下依次执行程序代码，当用户需要更改程序的执行顺序时，可以使用分支结构或循环结构来实现，在分支结构和循环结构中，都要根据条件表达式的值来确定下一步的执行流程。条件表达式的值一般只有真和假两种情况，表达式为真则程序执行，为假则不执行，程序中假的情况有如下几种：False、0、空值（None）、空列表、空元组、空集合、空字典、空字符串、空 range 对象或其他空迭代对象，Python 解释器均认为与 False 等价。举例如下。

```
if 666:
    print(9) # 使用整数作为条件表达式，非 0 表示成立
```

运行结果：9

```
a = [3,2,1]
if a:
    print(a)# 使用列表作为条件表达式，非空列表表示成立
```

运行结果：[3, 2, 1]

使用条件表达式的时候，经常要用到运算符，在 Python 语法中，条件表达式中不允许使用赋值运算符“=”，运算符在第 2 章中已经详细介绍，本章主要使用关系运算符进行条件真假的判断，常见关系运算符如表 4-1 所示。

表 4-1　　常见关系运算符

运算符	描述
==	比较两个对象是否相等
!=	比较两个对象是否不相等
>	大小比较，例如，x>y 将比较 x 和 y 的大小，如 x 比 y 大，返回 True，否则返回 False
<	大小比较，例如，x<y 将比较 x 和 y 的大小，如 x 比 y 小，返回 True，否则返回 False
>=	大小比较，例如，x>=y 将比较 x 和 y 的大小，如 x 大于等于 y，返回 True，否则返回 False
<=	大小比较，例如，x<=y 将比较 x 和 y 的大小，如 x 小于等于 y，返回 True，否则返回 False

关系运算符相关练习如下。

```
>>>print(1<2<3)# 等价于 1<2 and 2<3
```

运行结果：True

```
>>>print(1<2>3)
```

运行结果：False

```
>>>print(1<3>2)
```

运行结果：True

4.2 分支结构

4.2.1 单分支结构

单分支结构是常用的分支结构之一，功能为判断条件表达式的值是否为真，表达式为真则程序执行，为假则不执行，继续执行后面的代码，执行流程如图 4-1 所示。语法如下，其中表达式后面的冒号“:”不可缺少，语句块前面必须做相应的缩进，一般是以 4 个空格为缩进单位。

```
if 表达式:
    语句块
```

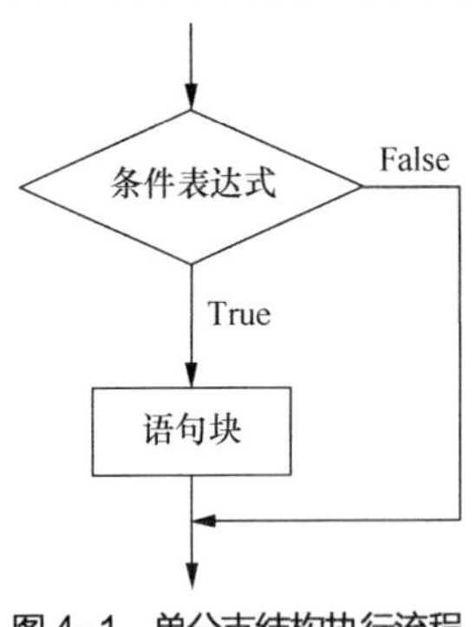

图 4-1　单分支结构执行流程

有一个练习，要求输入 3 个数，然后按照从小到大的顺序排序并输出，使用单分支结构的程序编程如下所示。

```
# 输入 3 个数，要求按照从小到大的顺序排序
a = int(input('请输入 a 的值：'))
b = int(input('请输入 b 的值：'))
c = int(input('请输入 c 的值：'))
if a>b:
    a,b = b,a
if b>c:
    b,c = c,b
if a>b:          # 请思考，为何用两次
    a,b = b,a
print('排序结果：',a,b,c)
```

运行结果：

```
请输入 a 的值：1
请输入 b 的值：9
请输入 c 的值：5
```

排序结果：1 5 9

4.2.2 双分支结构

双分支结构执行流程如图 4-2 所示，当表达式值为 True 或其他等价值时，执行语句块 1，否则执行语句块 2。语句块 1 或语句块 2 总有一个会执行，然后再执行后面的代码，语法如下。

```
if 表达式:
  语句块 1
else:
  语句块 2
```

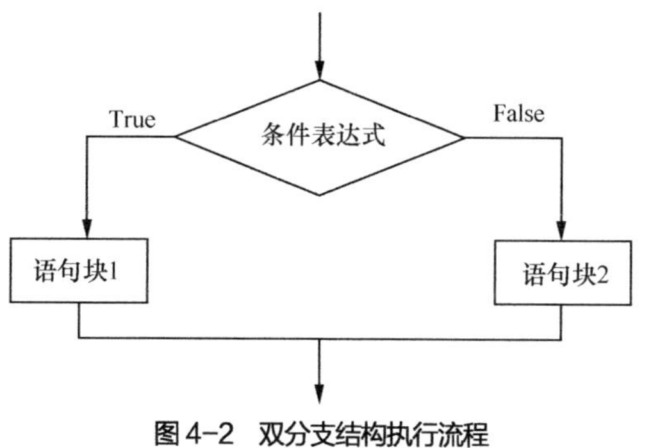

图 4-2 双分支结构执行流程

相关练习如下。

```
a = 14
if a>13:
    b = 6
else:
```

```
    b = 9
print(b)
```

运行结果：6

另外，Python 还提供了一个三元运算符，可以实现双分支结构。当条件表达式为真时，执行语句块 1，否则执行语句块 2，语法如下。

```
语句块 1    if condition else 语句块 2
```

相关练习如下。

```
a = 14
b = 6 if a>13 else 9
print(b)
```

运行结果：6

4.2.3 多分支结构

如果分支结构超过双分支，就称为多分支结构，执行流程如图 4-3 所示，语法如下。

```
if 表达式 1:
  语句块 1
elif 表达式 2:
  语句块 2
elif 表达式 3:
  语句块 3
else:
  语句块 n
```

其中，关键字 elif 是 else if 的缩写。

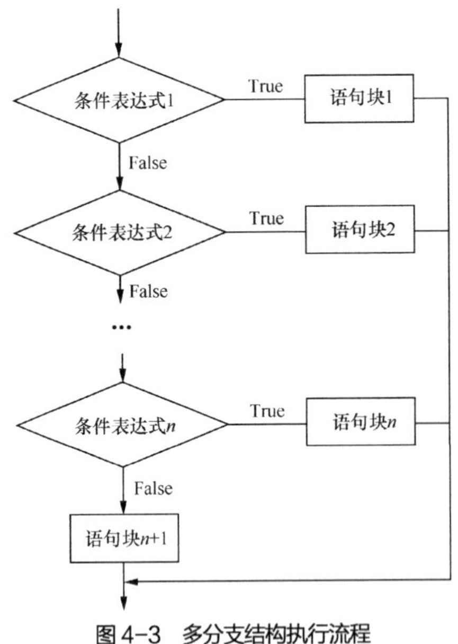

图 4-3 多分支结构执行流程

相关练习如下。

```
# 已知点的坐标为(x,y)，判断其所在的象限
x = int(input("请输入 x 轴的坐标："))
y = int(input("请输入 y 轴的坐标："))
if (x == 0 and y == 0):
    print("在原点")
elif (x == 0):
    print("在 x 轴")
elif (y == 0):
    print("在 y 轴")
elif (x>0 and y>0):
    print("第一象限")
elif (x<0 and y>0):
    print("第二象限")
elif (x<0 and y<0):
    print("第三象限")
elif (x>0 and y<0):
print("第四象限")
```

运行结果：

```
请输入 x 轴的坐标：566
请输入 y 轴的坐标：256
第一象限
```

4.2.4　分支结构的嵌套

分支结构可以进行嵌套，语法如下。

```
if 表达式 1:
  语句块 1
  if 表达式 2:
     语句块 2
else:
  语句块 3
```

使用嵌套的分支结构时，一定要严格控制好不同级别代码块的缩进量，因为缩进量决定了不同代码块的从属关系和业务逻辑是否被正确实现，以及代码是否能够被解释器正确理解和执行。

编写程序，输入一个分数，分数在 0～100。分数在 90～100，等级是 A，分数在 80～89，等级是 B，分数在 70～79，等级是 C，分数在 60～69，等级是 D，分数在 0～59，等级是 E。

基本思路：首先检查输入的成绩是否在 0～100，如果是则再进一步计算其对应字母等级，程序的相关代码如下所示。

```
score2 = int(input('请输入一个 0 到 100 之间的数字：'))
grade2 = ''
if score2>100 or score2<0:
    score2 = int(input('输入错误，请重新输入一个 0 到 100 之间的数字：'))
```

```
else:
    if score2> = 90:
        grade2 = 'A'
    elif score2> = 80:
        grade2 = 'B'
    elif score2> = 70:
        grade2 = 'C'
    elif score2> = 60:
        grade2 = 'D'
    else:
        grade2 = 'E'
print('分数是{0}，等级是{1}'.format(score2,grade2))
```

运行结果：

```
请输入一个 0 到 100 之间的数字：69
分数是 69，等级是 D
```

4.2.5 项目实训——成绩区间判定

1. 实验需求

要求输入一位学生的成绩，将其转化成简单描述：不及格（0～59）、及格（60～79）、良好（80～89）、优秀（90～100）。

2. 实验步骤

（1）输入分数。

（2）将输入的分数强制转换成整数，便于后续的成绩比较。

（3）通过 if 分支语句划分区域。

3. 代码实现

```
score = int(input('请输入分数：'))
grade = ''
if score<60:
    grade = '不及格'
if 60< = score<80:
    grade = '及格'
if 80< = score<90:
    grade = '良好'
else:
    grade = '优秀'
print('分数是{0},等级是{1}'.format(score,grade))
```

运行结果：

```
请输入分数：86
分数是 86，等级是良好
```

4. 代码分析

此项目需要用到 Python 语法知识——分支语句，重点在分支语句的用法上，要求掌握 if 语句的基本语法。

4.3 循环结构

Python 主要有 while 循环和 for 循环两种形式的循环结构，多个循环可以嵌套使用，也可以和分支结构嵌套使用来实现复杂的业务逻辑。循环结构执行过程为：判断条件表达式是否成立，成立则执行循环体语句，然后再判断条件表达式，反复循环执行，当条件表达式不成立时，退出循环，再继续执行后面的程序，其执行流程如图 4-4 所示。

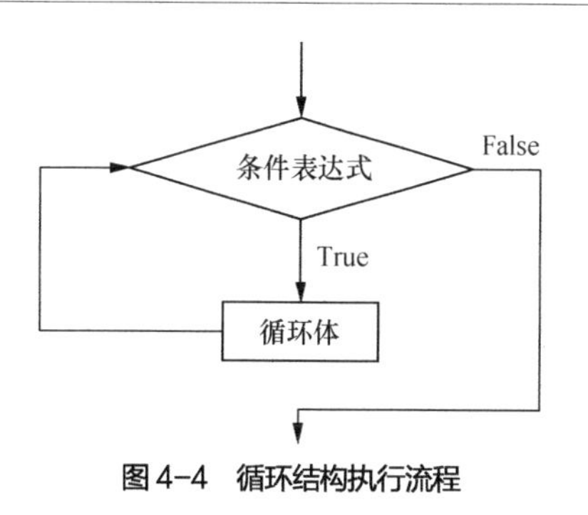

图 4-4　循环结构执行流程

4.3.1 while 循环

while 循环语法如下，其中 else 语句可以省略。

```
while 条件表达式:
    循环体
else:
    语句块 2
```

练习：使用 Python 语言的 while 循环结构编写程序，计算 1+2+3+…+100 的和，程序示例如下。

```
s = 0
n = 1
while n< = 100:
    s = s+n
    n = n+1
print('计算的累加和为：',s)
```

运行结果：计算的累加和为：5050

4.3.2 for 循环

for 循环语法形式如下，其中 else 语句可以省略。

```
for 取值 in 序列或迭代对象:
    循环体
else:
    子句代码块
```

练习：编写程序，输出 1 到 50 之间能被 7 整除但不能被 5 整除的所有整数。

```
for i in range(1, 51):
    if i%7 = = 0 and i%5! = 0:
        print(i)
```

运行结果：

```
7
14
21
28
42
49
```

4.3.3 break 和 continue 语句

break 语句和 continue 语句在 while 循环和 for 循环中都可以使用，并且一般常与分支结构或异常处理结构结合使用。Python 语言中的 break 语句用来终止循环语句，即循环条件没有满足要求，也会停止执行循环语句。continue 语句则是跳过当前循环的剩余语句，继续进行下一轮循环。

相关练习如下。

```
for i in 'Hello':
    if i = = 'l':
        break
print('当前字母',i)
```

运行结果：

```
当前字母 H
当前字母 e
```

```
for i in 'Hello':
    if i = = 'l':
        continue
print('当前字母',i)
```

运行结果：

```
当前字母 H
当前字母 e
当前字母 o
```

4.3.4 列表推导式

列表推导式可以使用非常简洁的方式对列表或其他可迭代对象的元素进行遍历、过滤或再次计算，快速生成满足特定需求的新列表。列表推导式的语法如下。

```
out_list = [out_express for out_express in input_list if out_express_condition]
```

其中，if 条件判断可省略，相关练习如下。

（1）生成一个 10 以内（包含 10）的偶数的 list。

```
>>>evens = [i for i in range(10) if i % 2 = = 0]
>>>print(evens)
```

运行结果：[0, 2, 4, 6, 8]

（2）列举 1,2,3 和 a,b,c 的所有可能的组合。

```
>>>evens = [(x,y) for x in [1,2,3] for y in ["a","b","c"]]
>>>print(evens)
```

运行结果：[(1, 'a'), (1, 'b'), (1, 'c'), (2, 'a'), (2, 'b'), (2, 'c'), (3, 'a'), (3, 'b'), (3, 'c')]

4.3.5　项目实训——鸡兔同笼问题

1. 实验需求

“鸡兔同笼问题”是我国古算书《孙子算经》中著名的数学问题，其内容是：“今有雉（鸡）兔同笼，上有三十五头，下有九十四足。问雉兔各几何。” 意思是：有若干只鸡和兔在同一个笼子里，从上面数，有三十五个头；从下面数，有九十四只脚。求笼中各有几只鸡和兔？

2. 实验步骤

（1）根据数学公式，可以用列方程的方法来解决。

（2）设鸡有 x 只，兔有 y 只，则根据题意有：$x+y=35$，$2x+4y=94$，解这个方程组。

（3）使用循环语句和分支语句实现该项目。

3. 代码实现

```
for x in range(1,50):
    y = 35-x
    if 4*x + 2*y == 94:
        print('兔子有%s 只，鸡有%s 只'%(x, y))
```

运行结果：

```
兔子有 12 只，鸡有 23 只
```

4. 代码分析

此项目先列出方程式，然后利用循环的方式，在循环体中进行比对，最后找出符合条件的答案。

4.4 异常处理

4.4.1　错误和异常的概念

错误和异常是两个不同的概念，错误是程序编程时由于语法等原因编译通不过，提示错误；异常是程序编译没有问题，但是代码运行时由于输入的数据不合法或者某个条件临时不满足而产生的错误，例如要打开的文件不存在、用户权限不足、磁盘空间已满、网络连接故障等。程序一旦发生异常就会崩溃，无法继续执行后面的代码，如果得不到正确的处理会导致整个程序退出运行。一个好的程序应该能够充分预测可能发生的异常并进行处理，要么给出友好的提示信息，要么忽略异常继续执行，程序表现出很好的鲁棒性。异常处理结构的一般思路是先尝试运行代码，如果不出现异常就正常执行，如果引发异常就根据不同的异常类型采取不同的处理方案。

4.4.2 异常处理语法

在 Python 程序编程中，使用异常处理结构时，一般建议把可能会出错的代码放在 try 块中，使用 except 捕捉尽可能精准的异常并进行相应的处理，把 Exception 或 BaseException 放在最后一个 except 子句中捕捉。

异常处理结构的完整语法如下，其中 else 和 finally 子句可以省略。

```
try:
    #可能会引发异常的代码块
except 异常类型 1 as 变量 1:
    #处理异常类型 1 的代码块
except 异常类型 2 as 变量 2:
    #处理异常类型 2 的代码块
else:
    #如果 try 块中的代码没有引发异常，就执行这里的代码块
finally:
    #不论 try 块中的代码是否引发异常，也不论异常是否被处理
    #总是最后执行这里的代码块
```

使用异常处理的方式，完成以下程序。要求用户输入整数，输出整数对应的英文字符，相关练习如下。

```
while 1:
    try:
        alp = "ABCDEFGHIJKLMNOPQRSTUVWXYZ"
        idx = eval(input("请输入一个整数: "))
        print(alp[idx])
    except Exception as err:
        print(err)
```

运行结果：

```
请输入一个整数: 5
F
请输入一个整数: 100
string index out of range
```

4.4.3 项目实训——猜数游戏

1. 实验需求

要求系统随机生成一个 1 到 20 之间的随机整数，用户有 5 次机会猜数，猜中提示正确，猜错

提示错误并提示数字的大小比较结果。

2. 实验步骤

（1）导入 Python 产生随机数的标准库 random。
（2）设置猜数。
（3）随机生成一个数。
（4）通过分支语句，判断猜对、猜大或猜小。

3. 代码实现

```
import random
max_retry = 5
i = 0
random_num = random.randint(1,20)
while i<max_retry:
    try:
        num = int(input("请输入 1 到 20 之间的一个数字："))
        # print(f'你输入的数字是 :{num}')
        if num>random_num:
            print('太大')
        elif num<random_num:
            print('太小')
        else:
            print('!!Great,你猜中啦!')
            break

    except Exception as e:
        print('输入不正确！ ')
    finally:
        i+ = 1
        print(f'剩余次数: {max_retry-i}')
else:
    print('错误次数超过 5 次,你输啦!')
```

运行结果：

```
请输入 1 到 20 之间的一个数字：15
太小
剩余次数: 4
请输入 1 到 20 之间的一个数字：20
太大
剩余次数: 3
请输入 1 到 20 之间的一个数字：16
太小
剩余次数: 2
请输入 1 到 20 之间的一个数字：18
太小
剩余次数: 1
```

```
请输入 1 到 20 之间的一个数字：19
!!Great,你猜中啦!
```

4. 代码分析

项目重点是异常处理代码，注意异常处理的流程和代码规范。

4.5 项目实训——停车场自动收费系统

1. 实验需求

此项目是通过输入操作代替识别功能，使用 Python 标准库 datetime 实现计费，利用循环和分支语句计算收费。

2. 实验步骤

（1）导入 Python 自带的库 datetime。
（2）设置停车场最多有 16 个车位。
（3）设置无限循环，判断车辆的进入和离开。
（4）车辆进入时，需要查看是否有车位并记录其进入时间。
（5）车辆离开时，增加停车位，并计算其停留时间。
（6）收费计算：2 小时内（含 2 小时）免费停车；2～4 小时内（含 4 小时），收费 10 元；4～6 小时内（含 6 小时），收费 15 元；6～8 小时内（含 8 小时），收费 20 元；8～10 小时内（含 10 小时），收费 25 元；10 小时以上，收费 30 元。

3. 代码实现

```
# 停车场自动收费系统
import datetime   # date time 是 Python 自带的时间库
car_list = []
blank = 16 # 车库最多存放 16 辆车
in_now_time = 0
while True:
    result = input("是否是进入停车场(y/n)：")
    if result = = "y":
      # 车辆进入停车场时
      if blank-len(car_list)<0:   # 判断车库是否已满
          print("车库已存满，暂无空位！")
          blank = 0
      else:
          car = input("请输入进入的车牌号：")
          car_dic = {}
          in_now_time = datetime.datetime.now()
          new_now_time = in_now_time.strftime("%y-%m-%d %H: %M: %S") # 去掉毫秒数
          # print(now_time)
          car_dic["车牌"] = car
```

```
            car_dic["进入时间"] = new_now_time
            car_list.append(car_dic)
            blank - = 1
            print("当前剩余车位为: {}，车牌为：{}，进入时间为：{}".format(blank,car,new_now_time))
    else:
        # 车辆离开停车场时
        status = False   # 车出停车场状态
        out_car = input("请输入出去的车牌号：")
        # 判断本车是否录入过进门信息
        for car in car_list:
            if car["车牌"] = = out_car:
                # 计算停车时间
                in_time = car["进入时间"]
                # 获取相差秒数
                get_second = (datetime.datetime.now() - in_now_time).seconds
                # house = get_second /60/60 +4 调试，加多少表示延后多少
                house = get_second /60/60
                # 判断停留时间
                if house < = 2:   # 2 小时内不收费
                    print("停车未满 2 小时，本次免费，欢迎下次光临！")
                    car_list.remove(car)
                    blank + = 1
                elif 2 < house < = 4:
                    print("本次停车时间为：{: .3f}小时,收费 10 元！欢迎下次光临".format(house))
                    car_list.remove(car)
                    blank + = 1
                elif 4 < house < = 6:
                    print("本次停车时间为：{: .3f}小时,收费 15 元！欢迎下次光临".format(house))
                    car_list.remove(car)
                    blank + = 1
                elif 6 < house < = 8:
                    print("本次停车时间为：{: .3f}小时,收费 20 元！欢迎下次光临".format(house))
                    car_list.remove(car)
                    blank + = 1
                elif 8 < house < = 10:
                    print("本次停车时间为：{: .3f}小时,收费 25 元！欢迎下次光临".format(house))
                    car_list.remove(car)
                    blank + = 1
                else:
                    print("本次停车时间为：{: .3f}小时,收费 30 元！欢迎下次光临".format(house))
                    car_list.remove(car)
                    blank + = 1
                status = True

        if status ! = True:
            print("请联系停车场管理员，本车辆未记录信息，不允许出停车场")
            continue
```

运行结果：

```
是否是进入停车场(y/n)：y
请输入进入的车牌号：123
当前剩余车位为: 15，车牌为：123，进入时间为：21-04-27 17: 24: 13
是否是进入停车场(y/n)：n
请输入出去的车牌号：123
本次停车时间为：4.001 小时,收费 15 元！欢迎下次光临
是否是进入停车场(y/n)：n
请输入出去的车牌号：123
是否是进入停车场(y/n)：y
请输入进入的车牌号：234
当前剩余车位为: 15，车牌为：234，进入时间为：21-04-27 17: 24: 33
是否是进入停车场(y/n)：y
```

4. 代码分析

此项目使用 Python 语法中无限循序结构和分支语句的区间操作，重点在函数的嵌套和分支语句的使用，以及 datetime 库的应用。

4.6 本章小结

本章详细讲解了 Python 语言中的 3 种控制结构，包括顺序结构、分支结构中的 if 语句及循环结构中的 while 循环和 for 循环，它们可以单独使用或嵌套使用，读者需要熟练掌握并灵活运用它们。本章还详细讲解了异常处理的方式，异常处理在 Python 编程中非常好用，当程序出现意外中止的情况时，会返回错误的提示信息，便于用户快速了解中止原因。

4.7 本章习题

一、多选题

1. 从下列语句中选出符合语法要求的表达式（　　）。

```
for var in________:
    print(var)
```

A. range(0,10)　　B. "Hello"　　C. (1, 2, 3)　　D. {1, 2, 3, 4, 5}

2. 以下合法的布尔表达式是（　　）。

A. x in range(6)　　B. 3 = a　　C. e>5 and 4 = = f　　D. (x-6)>5

3. 若 k 为整型，下述 while 循环执行的次数为（　　）。

```
k = 1000
while k>1:
    print(k)
    k = k/2
```

A. 9　　B. 10　　C. 0xa　　D. 100

二、判断题

1. 当列表作为条件表达式时，空列表等价于 False，包含任何内容的列表等价于 True，所以表达式 [3,5,8] == True 的结果是 True。（　）

2. 数字 3 和数字 5 直接作为条件表达式时，作用是一样的，都表示条件成立。（　）

3. 分支结构必须带有 else 或 elif 子句。（　）

4. 只允许在循环结构中嵌套分支结构，不允许在分支结构中嵌套循环结构。（　）

三、编程题

1. 使用筛选法求解小于 n 的所有素数。

2. 计算小于 1000 的所有整数中能够同时被 5 和 7 整除的最大整数。

3. 生成一个包含 20 个[1,50]随机整数的列表，将其循环左移 5 个元素。循环左移是指，每次移动时把列表最左侧的元素移出列表，然后追加到列表尾部。

4. 编写程序，让用户输入一个整数，如果输入的是正数就输出 1，如果输入的是负数就输出 -1，否则输出 0。

第 5 章 函数

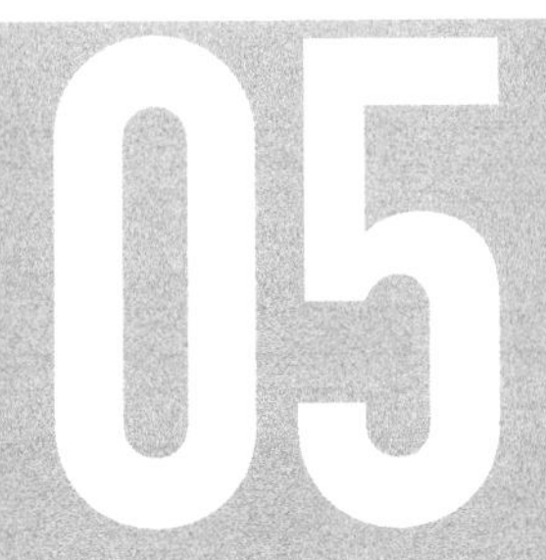

内容导学

函数是对一段功能性代码的封装，Python 语言可将常用的代码以固定的格式封装成一个独立的模块，只要知道这个模块的名字就可以重复使用它，这个模块就叫作函数（Function）。在实际开发中，把可能需要反复执行的代码封装为函数，以提高应用的模块性和代码的重复利用率。Python 语言提供了许多内建函数，开发人员也可以自己创建自定义函数，本章将详细介绍函数创建和使用的方法。

学习目标

① 掌握函数的定义和调用。
② 掌握必须参数、默认值参数、关键参数和长度可变参数的用法。
③ 掌握基本函数的用法。
④ 掌握 lambda 表达式的定义与用法。
⑤ 理解生成器函数的工作原理。
⑥ 理解变量的作用域。

5.1 定义和调用函数

5.1.1 函数的定义

在 Python 语言中，函数定义的语法如下。

```
def 函数名（［参数列表］）:
    函数体
    return ［表达式］
```

函数定义的规则如下。

（1）函数代码块以 def 关键字开头，后接函数标识符名称和圆括号。

（2）任何传入参数和自变量必须放在圆括号中间，圆括号之间可以用于定义参数。

（3）函数的第一行语句可以选择性地使用文档字符串——用于存放函数说明。

（4）函数内容以冒号起始，并且缩进。

（5）return [表达式] 结束函数，选择性地返回一个值给调用方；不带表达式的 return 相当于返回 None。

5.1.2 函数的调用

定义函数后，函数就有了名称，定义的函数指定了函数里包含的参数和代码块结构。这个函数的基本结构完成以后，可以通过另一个函数调用执行，也可以通过 Python 提示符执行，相关练习如下。

```
# 定义函数
def printme(str):
    # 打印任何传入的字符串
    print(str)
    return
# 调用函数
printme("函数调用!")
printme("Hello World!")
```

5.2 函数参数

Python 语言的函数使用非常灵活，除了正常定义的必须参数，还可以使用关键字参数、默认参数和长度可变参数，函数通过定义的接口，设置参数，简化调用者的代码。

5.2.1 必须参数

必须参数，即函数调用时必须要传的参数，举例如下。

```
def helloWorld(a):
    print("输出：hello")
helloWorld("aaa")  # 必须要有参数
```

运行结果：hello

5.2.2 默认值参数

在定义函数时，Python 语言支持默认值参数，即可以为形参设置默认值，当调用带有默认值参数的函数时，可以不用为设置了默认值的形参进行传值，此时函数将会直接使用函数定义时设置的默认值，当然也可以通过显式赋值来替换其默认值。当定义带有默认值参数的函数时，默认值参数右侧不能再出现没有默认值的普通位置参数，否则会提示语法错误。带有默认值参数的函数定义语法如下。

```
def 函数名 ( ...,形参名 = 默认值 ) :
    函数体
```

举例如下。

```
def say( message, times = 1 ):
    print((message+' ') * times)
```

```
say('Hello')  # 默认参数为1次
say('Hello world',2)  # 定义为2次
```

运行结果:

```
Hello
Hello world Hello world
```

5.2.3 关键参数

关键参数主要指调用函数时的参数传递方式，关键参数可以按参数名字传递值，明确指定哪个值传递给哪个参数，实参顺序可以和形参顺序不一致，但不影响参数值的传递结果，避免了用户需要牢记参数位置和顺序的麻烦，使得函数的调用和参数传递更加灵活、方便。

```
def demo(a, b, c = 5):
    print(a,b,c)
demo(3,7)
demo(c = 8, a = 9, b = 0)
```

运行结果:

```
3 7 5
9 0 8
```

5.2.4 长度可变参数

长度可变参数在定义函数时主要有两种形式：*parameter 和**parameter，前者用来接收任意多个位置实参并将其放在一个元组中，后者接收多个关键参数并将其放入字典中。下面的代码演示了第一种长度可变参数的用法，无论调用该函数时传递了多少实参，均将其放入元组中。

```
def demo(*p):
    print(p)
demo(1,2,3)
```

运行结果：(1,2,3)

```
def demo(**p):
    for item in p.items():
        print(item)
demo(x = 1,y = 2,z = 3)
('x', 1)
('y', 2)
('z', 3)
```

5.3 基本函数

Python 语言内置的基本函数不需要额外导入任何模块即可直接使用，具有非常快的运行速度，推荐优先使用。内置函数包括数学运算、类型转换、序列操作、对象操作、交互操作及文件操作等。

5.3.1 输入与输出

input()函数和print()函数是Python语言的输入与输出函数，input()函数用来接收用户的键盘输入，print()函数用来把数据以指定的格式输出到标准控制台或指定的文件对象。无论用户输入什么内容，input()函数都会将其转化为字符串，必要的时候可以使用内置函数int()、float()或eval()对用户输入的内容进行类型转换。举例如下。

```
x = input('Please input: ')  # input()函数，参数表示提示信息
Please input: 345
x
```

运行结果：'345'。

```
type(x)
# 把用户的输入转化为字符串
```

运行结果：<class 'str'>。

内置函数print()用于将信息输出到标准控制台或指定文件，语法如下。

```
print(value1, value2, ..., sep = ' ', end = '\n' , file = sys.stdout, flush = False)
```

其中，sep参数之前为需要输出的内容（可以有多个）；sep参数用于指定数据之间的分隔符，默认为空格。举例如下。

```
print(1, 3, 5, 7, sep = '\t')
# 修改默认分隔符
1 3 5 7
for i in range(10):
# 修改end参数，每个输出之后不换行
print(i, end = ' ')
```

运行结果：0 1 2 3 4 5 6 7 8 9

5.3.2 最值与求和

max()、min()、sum()这3个内置函数分别用于计算列表、元组或其他包含有限个元素的可迭代对象中所有元素最大值、最小值及所有元素之和。下面的代码首先使用列表推导式生成包含10个随机数的列表，然后分别计算该列表的最大值、最小值及所有元素之和。

```
from random import randint
a = [randint(1,100) for i in range(10)]
# 包含10个[1,100]之间随机数的列表
print(max(a),min(a),sum(a)) # 最大值、最小值、所有元素之和
```

运行结果：833500

函数max(0)和min(0)还支持key参数，用来指定比较大小的依据或规则，可以是函数或lambda表达式。

```
max([2,111])
```

运行结果：111

```
max(['2', '111'])
#不指定排序规则
```

运行结果：'2'

```
max(['2', '111'], key = len)
#返回最长的字符串
```

运行结果：'111'

5.3.3 排序

sorted()函数可以对列表、元组、字典、集合或其他可迭代对象进行排序并返回新列表，默认是升序排序。sorted()函数功能非常强大，可以根据实际需求设置其参数，语法如下。

```
sorted(iterable, cmp = None, key = None, reverse = False)
```

参数说明如下。

- iterable：可迭代对象。
- cmp：比较的函数，具有两个参数，参数的值都是从可迭代对象中取出的，此函数必须遵守的规则为，大于则返回 1，小于则返回-1，等于则返回 0。
- key：主要是用来进行比较的元素，只有一个参数，具体的函数的参数取自于可迭代对象中，指定可迭代对象中的一个元素来进行排序。
- reverse：排序规则，reverse = True 降序，reverse = False 升序（默认）。

```
#以默认规则排序
x = [2, 4, 0, 6, 10, 7, 8, 3, 9, 1, 5]
sorted(x)
```

运行结果：[0,1,2,3,4,5,6,7,8,9,10]

```
#以指定规则降序排序
sorted(x,key = lambda item: len(str(item)),reverse = True)
```

运行结果：[10, 2, 4, 0, 6, 7, 8, 3, 9, 1, 5]

```
#以指定规则排序
sorted(x,key = str)
```

运行结果：[0, 1, 10, 2, 3, 4, 5, 6, 7, 8, 9]

```
#不影响原来列表的元素顺序
x
```

运行结果：[2, 4, 0, 6, 10, 7, 8, 3, 9, 1, 5]

```
x = ['aaaa', 'bc', 'd', 'b', 'ba']
#先按长度排序，长度一样的正常排序
sorted(x, key = lambda item: (len(item), item))
```

运行结果：['b', 'd', 'ba', 'bc', 'aaaa']

reversed()函数可以对可迭代对象（生成器对象和具有惰性求值特性的 zip、map、filter、enumerate 等类似对象除外）进行翻转，并返回可迭代的 reversed 对象。

```
# reversed 对象是可迭代的
list(reversed(x))
```

运行结果：['ba', 'b', 'd', 'bc', 'aaaa']

5.3.4 枚举与迭代

enumerate()函数用来枚举可迭代对象中的元素，返回可迭代的 enumerate 对象，其中每个元素都是包含索引和值的元组。在使用时，既可以把 enumerate 对象转换为列表、元组、集合，也可以使用 for 循环直接遍历其中的元素。

```
#枚举字符串中的元素
list(enumerate('abcd'))
```

运行结果：[(0, 'a'), (1, 'b'), (2, 'c'), (3, 'd')]

```
#枚举列表中的元素
list(enumerate(['Python' , 'Greate']))
```

运行结果：[(0, 'Python'), (1, 'Greate')]

```
for index,value in enumerate(range(10,15)):
    print((index, value), end = ' ')
```

运行结果：(0, 10) (1, 11) (2, 12) (3, 13) (4,14)

5.3.5 range()函数和 zip()函数

range()函数是 Python 开发中常用的内置函数。zip()函数用来把多个可迭代对象中对应位置上的元素重新组合到一起，返回一个可迭代的 zip 对象，其中每个元素都是包含原来多个可迭代对象对应位置上元素的元组，最终结果中包含的元素个数取决于所有参数序列或可迭代对象中最短的那个，用法如表 5-1 所示。

表 5-1　range()函数和 zip()函数用法

函数	功能简要说明
range([start,] end [,step])	返回 range 对象，其中包含左闭右开区间[start,end)内以 step 为步长的整数
zip(seq1 [,seq2 […]])	返回 zip 对象，其中元素为(seq1[i],seq2[i],…)形式的元组，最终结果中包含的元素个数取决于所有参数序列或可迭代对象中最短的那个

```
# start 默认值为 0，step 默认值为 1
range(5)
```

运行结果：range(0,5)

```
# 指定起始值和步长
list(range(1, 10, 2))
```

运行结果：[1,3,5,7,9]

```
# 压缩字符串和列表
list(zip('abcd', [1, 2, 3]))
```

运行结果：[('a', 1), ('b', 2), ('c', 3)]

```
# 对 1 个序列也可以压缩
list(zip('abcd'))
```

运行结果：[('a',), ('b',), ('c',), ('d',)]

```
#压缩 3 个序列
list(zip('123' , 'abc' , ',. !'))
```

运行结果：[('1', 'a', ','), ('2', 'b', '.'), ('3', 'c' , '!')]

5.3.6 项目实训——查询城市所在省份

1. 实验需求

用户输入一个城市的名称，程序通过计算输出该城市所在的省份。

2. 实验步骤

（1）定义函数。
（2）在函数中构建省份和城市列表。
（3）使用城市列表中的 count()方法，找到省份列表对应的下标。
（4）获取对应的省份信息并返回。
（5）使用 while 循环，调用函数。

3. 代码实现

```
def find_city(test):
    pro = ["广东","四川","贵州","不存在"]
    city = [["广州","深圳","惠州","珠海"],["成都","内江","乐山"],["贵阳","六盘水","遵义"]]
    city2 = str(city)
    value = pro[city2.count(']',0,city2.find(test))]
    return value
```

```
while True:
    test = input('请输入查询的城市名称：')
    city = find_city(test)
    print('查询结果：', city)
```

运行结果：

```
请输入查询的城市名称：贵阳
查询结果：贵州
```

4. 代码分析

函数是一段具有一定功能的代码块，此处函数功能是：传入城市参数返回省份，重点是对有参函数和返回值的应用，而且定义函数能消除大量重复代码，进而提高编程效率。

5.4 函数进阶

5.4.1 匿名函数

lambda 表达式常用来声明匿名函数，也就是没有函数名字的、临时使用的小函数，常用在临时需要一个类似于函数的功能但又不想定义函数的场合。lambda 表达式只可以包含一个表达式，不允许包含复杂语句和结构，但在表达式中可以调用其他函数，该表达式的计算结果相当于函数的返回值。下面的代码演示了不同情况下 lambda 表达式的应用。

```
f = 1ambda x,y,z: x+y+z
print(f(1, 2, 3))       # 把 lambda 表达式当作函数使用
```

运行结果：6

```
g = lambda x, y = 2, z = 3: x+y+z       # 支持默认值参数
print(g(1))
```

运行结果：6

```
L = [1,2,3,4,5]
list(map(lambda x: x+10,L))      # lambda 表达式作为函数参数
```

运行结果：[11, 12, 13, 14, 15]

5.4.2 生成器函数

包含了 yield 关键字的函数，被称作为生成器函数。生成器函数调用后返回生成器对象。生成器函数体不会在生成器函数调用时立即执行。

next(generator)可以获取生成器函数生成的生成器对象的下一个值。

generator.send(arg)可以获取生成器函数生成的生成器对象的下一个值。同时，会将 arg 的值传递给需要获取 yield 返回值的对象。

```
def gen():
    print('111111')
    yield '111111'
    print('222222')
    yield '222222'
    print('333333')
    yield '333333'
g = gen()
print(g)      # <generator object gen at 0x0026BBF0>
next(g)       # 111111
next(g)       # 222222
next(g)       # 333333
next(g)       # 程序运行错误
```

运行结果:

```
<generator object gen at 0x000001EA1D473138>
111111
222222
333333
Traceback (most recent call last):
  File "C: /Users/yutengfei405/Desktop/11.py", line 13, in <module>
    next(g)
StopIteration
```

```
def func1():        # 生成器函数
    print("ok1")
    x = 10          # 函数内局部变量 x 赋值为 10
    print(x)
    x = yield 1     # 这里就是 send 函数的关键
    print(x)
    yield 2         # 这里是第二个断点
f1 = func1()        # 获取生成器对象
# print(f1)
ret1 = next(f1)     # 运行到第一个 yield
print(ret1)         # 打印第一个 yield 返回的值
##########################################
ret2 = f1.send('eee') # 将 x 的值赋值为 send 方法的参数，并且继续执行到下一个 yield
```

运行结果:

```
ok1
10
1
eee
```

5.4.3 项目实训——编写生成斐波那契数列的生成器函数

1. 实验需求

斐波那契数列：前两个数之和与第三个数相同，例如：1,1,2,3,5……。

2. 实验步骤

（1）创建函数。
（2）函数中需要先给出前两项的值。
（3）使用循环和 yield 生成器。
（4）使用元组特性，自动组包和自动解包，记录行变量的赋值。
（5）next 接收 yield 生成器的值。
（6）循环输出斐波那契数列。print(next(g),end=" ")中的 end 是两个 print 间的拼接方式。

3. 代码实现

```
def f():
    a,b = 1,1
    # 序列解包，同时为多个元素赋值
    while True:
        yield a
        #暂停执行，需要时再产生一个新元素
        a, b = b, a+b
        #序列解包，继续生成新元素
g = f()
#创建生成器对象
for i in range(10):
    #斐波那契数列中前 10 个元素
    print(next(g), end = " ")
```

运行结果：1 1 2 3 5 8 13 21 34 55

4. 代码分析

当前项目的难点在于生成器 yield 和调度器 next 的使用，重点在于函数运用和对斐波那契数列的理解。

5.5 变量作用域

变量的作用域是指变量的有效范围。变量并不是在哪个位置都可以访问的，访问权限取决于这个变量是在哪里赋值的，也就是处于哪个作用域内，通常而言，局部变量只能在其函数内部访问，而全局变量可以在整个程序范围内访问。

5.5.1 局部变量

局部变量是在某个函数内部声明的，只能在函数内部使用，如果超出使用范围（函数外部），则会报错。在函数内部，如果局部变量与全局变量的变量名一样，则优先调用局部变量。举例如下。

```
def func():
    a = 25      # 局部变量
    print(a)
func()
```

运行结果：25

5.5.2　全局变量

全局变量和局部变量的区别在于作用域，全局变量在整个 py 文件中声明，可以在全局范围内使用，使用时需要注意以下情况。

（1）程序中全局变量与局部变量可以重名，但是互不影响。

（2）如果想在函数内部改变全局变量，需要在前面加上 global 关键字，在执行函数之后，全局变量值也会改变。

（3）如果全局变量是列表类型，可以通过列表方法对列表进行修改，而不用 global 声明。

举例如下。

```
a = 100          # 全局变量
def func():
    a = 25       # 局部变量
    print(a)
print(a)         # 打印全局变量
func()           # 打印局部变量
```

运行结果：

```
100
25
```

```
a = 100          # 全局变量
def func():
    global a     # 修改全局变量
    a = 200
    print(a)
print(a)         # 打印全局变量
func()
print(a)         # 改变后的全局变量
```

运行结果：

```
100
200
200
```

```
list_1 = [1,2,56,"list"]
def changeList():
    list_1.append("over")
```

```
    print(list_1)
changeList()
print(list_1)
```

运行结果：

```
[1, 2, 56, 'list', 'over']
[1, 2, 56, 'list', 'over']
```

5.5.3 项目实训——打印杨辉三角

1. 实验需求

杨辉三角是一个数列，该数列中的每一个元素，都是之前一个数列中同样位置的元素和前一个元素的和，要求打印杨辉三角。

2. 实验步骤

（1）建立函数。
（2）传入参数，循环传入生成器。
（3）通过生成器循环打印杨辉三角。

3. 代码实现

```
def yhsj(max):
    n = 0
    row = [1]
    while (n<max):
        n + = 1
        yield(row)
        row = [1] + [row[k] + row[k + 1] for k in range(len(row) − 1)] + [1]
y = yhsj(5)
for i in y:
    print(i)
```

运行结果：

```
[1]
[1, 1]
[1, 2, 1]
[1, 3, 3, 1]
[1, 4, 6, 4, 1]
```

4. 代码分析

此项目重点在于函数参数的输入，局部变量通过生成器导出，读者需掌握变量的规则及其转变。

5.6 项目实训——绘制螺旋图

1. 实验需求

此项目是应用 Python 绘图标准库 turtle，通过函数的传参实现不同图形的绘制。

2. 实验步骤

（1）导入标准库 turtle。
（2）创建函数，设置形参：画笔执行次数、速度及画板颜色等。
（3）函数内部使用 turtle 绘图。
（4）绘制中用到颜色表示方式（0～255 是颜色的取值范围）。
（5）函数调用，传入不同实参，实现不同图形的绘制。

3. 代码实现

```
# 螺旋图
import turtle     # turtle 是 Python 自带的绘图库
import random    # random 是 Python 自带的生成随机数的库
# speed：为绘图速度，0 是最快的
# background_color: 为画板颜色，默认为黑色
def color_spiral(spiral_num,speed = 0,background_color = "black"):
    turtle.speed(speed)
    turtle.bgcolor(background_color)
    turtle.setpos(-20,20) # 初始位置
    turtle.colormode(255)   # 颜色取值为 0～255
    for i in range(spiral_num):
        r = random.randint(0,255) # 随机生成 0～255 的整数值
        g = random.randint(0,255) # 随机生成 0～255 的整数值
        b = random.randint(0,255) # 随机生成 0～255 的整数值
        turtle.pencolor(r, g, b) # 画笔颜色
        turtle.forward(40+i)   # 画线的长度
        turtle.right(91)   # 顺时针旋转 91 度

    turtle.mainloop() # 结束时，页面停留

# 函数调用，传递 100 次画笔调用，速度为 0.2，背景为白色
color_spiral(300,0.2,"white")
```

运行结果如图 5-1 所示。

图 5-1　螺旋图

4. 代码分析

项目重点是函数形参和实参的应用，难点是对绘图库 turtle 的使用。

5.7 本章小结

本章主要介绍了函数的概念、函数的定义和调用、函数参数、基本函数和变量的作用域等，通过学习，读者应熟练掌握函数的使用及变量作用域的识别，在定义和使用函数时，需要注意函数内外变量的作用域，对 global 关键字能够灵活运用。匿名函数和生成器函数较难理解，需要结合案例进行反复学习和验证，理解其概念和使用方法。

5.8 本章习题

一、选择题

1. 已知函数定义 def func(**p): return sum(p.values())，那么表达式 func(x = 1, y = 2, z = 3) 的值为（　　）。

A. 'xyz'　　B. 2　　C. 6　　D. 3

2. （多选）下列哪种函数参数定义合法（　　）。

A. def myfunc(*args):　　B. def myfunc(arg1 = 1):

C. def myfunc(*args, a = 1):　　D. def myfunc(a = 1, **args):

3. 阅读下面的代码，其执行结果正确的是（　　）。

```
def demo(*p):
    return sum(p)
print(demo(1,2,3,4,5))
```

A. 15　　B. 16　　C. 14　　D. 6

4. 阅读下面的代码，其执行结果正确的是（　　）。

```
def demo(a, b, c = 3, d = 100):
    return sum((a,b,c,d))
print(demo(1, 2, 3, 4))
```

A. 15　　B. 10　　C. 14　　D. 6

二、判断题

1. 在调用带默认值参数的函数时，不能给带默认值的参数传递新的值，必须使用默认值。（　　）

2. 已知函数定义 def func(*p): return sum(p)，那么调用时使用 func(1,2,3)和 func(1,2,3,4,5)都是合法的。（　　）

3. lambda 表达式在功能上等价于函数，但是不能给 lambda 表达式命名，只能用来定义匿名函数。（　　）

4. 在 lambda 表达式中，不允许包含选择结构和循环结构，也不能在 lambda 表达式中调用其他函数。（　　）

5. 生成器函数的调用结果是一个确定的值。（　　）

6. 使用关键参数调用函数时，必须记住每个参数的顺序和位置。 （ ）

三、编程题

1. 接收圆的半径作为参数，返回圆的面积。

2. 实现辗转相除法，接收两个整数，返回这两个整数的最大公约数。

3. 接收参数 a 和 n，计算并返回形式如 $a+aa+aaa+aaaa+\cdots+aaa\cdots aaa$ 的表达式前 n 项的值，其中 a 为小于 10 的自然数。

4. 接收一个字符串，判断该字符串是否为回文。所谓回文是指，字符串从前向后读和从后向前读是一样的。

第 6 章 正则表达式

内容导学

正则表达式是一个特殊的字符序列，它能检查一个字符串是否与某种模式匹配。本章对正则表达式的基础知识进行详细阐述，对正则表达式的语法和匹配规则进行重点剖析，对常用的正则表达式的 re 模块及其方法进行了单独的讲解并进行了项目练习。

学习目标

① 理解正则表达式的概念。
② 掌握正则表达式的语法和使用方法。
③ 掌握正则表达式的匹配规则。
④ 掌握 re 模块的常用方法。

6.1 正则表达式基础

6.1.1 正则表达式概述

正则表达式可以检查一个字符串是否与某种模式匹配。正则表达式是用于处理字符串的强大工具，拥有自己独特的语法及一个独立的处理引擎，效率上可能不如 str 自带的方法，但功能十分强大。正则表达式不仅在 Python 中应用，还在许多其他语言中得到广泛的运用，Python 语言自 1.5 版本起增加了 re 模块，re 模块使 Python 语言拥有全部的正则表达式功能。所有语言中的正则表达式的语法都是一样的，区别只在于其数量不同。

6.1.2 正则表达式语法

正则表达式是对字符串，包括普通字符（例如 a 到 z 之间的字母）和特殊字符（称为“元字符”）操作的一种逻辑公式，就是用事先定义好的一些特定字符及这些特定字符的组合，组成一个“规则字符串”，这个“规则字符串”用来表达对字符串的一种过滤逻辑。正则表达式是一种文本模式，该模式描述在搜索文本时要匹配的一个或多个字符串。

正则表达式使用时，将语法和方法配合，先规定好一些特殊字符的匹配规则，然后将这些字符进行组合来匹配各种复杂的字符串场景，如下所示。

```
re.search(pattern, string, flags = 0)
```

- pattern：匹配的正则表达式。
- string：要匹配的字符串。

- flags：标志位，用于控制正则表达式的匹配方式，默认为 0。

search()方法如表 6-1 所示。

表 6-1 search()方法

方法名称	作用
group	以 str 形式返回对象中 search 的元素
start	返回开始位置
end	返回结束位置
span	以元组形式返回范围

1. 普通字符

字母、数字、汉字、下画线，以及没有特殊定义的符号，都是“普通字符”。在匹配的时候，正则表达式中的普通字符只匹配与自身相同的一个字符。如下所示。

```
import re
print(re.search('tion', 'function').span()) # 在 function 中查找“tion”并返回索引位置
```

运行结果：(4, 8)

2. 多元字符

正则表达多元字符用来表示一些特殊的含义或功能，如表 6-2 所示。

表 6-2 正则表达式多元字符

表达式	匹配
.	小数点可以匹配除了换行符“\n”以外的任意一个字符
		逻辑或操作符
[ ]	匹配字符集中的一个字符
[^]	对字符集求反，尖号必须在方括号内，且在最前面
-	定义“[]”里的一个字符区间，例如[a-z]
\	对紧跟其后的一个字符进行转义
()	对表达式进行分组，将圆括号内的内容当作一个整体，并获得匹配的值

相关练习如下。

```
import re
print(re.search('f|t', 'function')) # 在 function 中查找 f 或 t 并返回索引位置
print(re.search('f|t', 'function').span())
```

运行结果：

```
<re.Match object; span = (0, 1), match = 'f'>
(0, 1)
```

3. 转义字符

一些无法书写或者具有特殊功能的字符，采用在前面加斜杠“\”进行转义的方法，如表 6-3 所示。

表 6-3 转义字符

表达式	匹配
\r	回车
\n	换行符
\t	制表符
\\	斜杠“\”
\^	“^”符号
\$	“$”符号
\.	小数点“.”

相关练习如下。

```
import re
print(re.search('\.', 'functi.on')) # 在 function 中查找“.”并返回索引位置
print(re.search('\.', 'functi.on').span())
```

运行结果:

```
<re.Match object; span = (6, 7), match = '.'>
(6, 7)
```

4. 预定义匹配字符集

正则表达式中的一些表示方法，可以同时匹配某个预定义字符集中的任意一个字符。比如，表达式“\d”可以匹配任意一个数字。虽然可以匹配其中任意字符，但是只能是一个，不能是多个。如表 6-4 所示，注意大小写。

表 6-4 预定义匹配字符集

表达式	匹配
\d	0～9 中的任意一个数字
\w	任意一个字母或数字或下画线，也就是 A～Z，a～z，0～9，_中的任意一个
\s	空格、制表符、换页符等空白字符中的任意一个
\D	\d 的反集，也就是非数字的任意一个字符，等同于[^\d]
\W	\w 的反集，也就是[^\w]
\S	\s 的反集，也就是[^\s]

相关练习如下。

```
import re
print(re.search('\d.', 'abc123'))        # 在 abc123 中查找数字并返回索引位置
print(re.search('\d.', 'abc123').span())
```

运行结果：

```
<re.Match object; span = (3, 5), match = '12'>
(3, 5)
```

6.1.3 常用匹配规则

1. 重复匹配

前面的所用到的表达式，无论是只能匹配一种字符的表达式，还是可以匹配多种字符其中任意一个的表达式，都只能匹配一次。但是，有时候我们需要对某个片段进行重复匹配，这种情况可以使用表达式再加上修饰匹配次数的特殊符号“{}”，而不用重复书写表达式。比如[abcd][abcd]可以写成[abcd]{2}，重复匹配规则如表 6-5 所示。

表 6-5 重复匹配规则

表达式	匹配
{n}	表达式重复 n 次，比如\d{2}相当于\d\d，a{3}相当于 aaa
{m,n}	表达式至少重复 m 次，最多重复 n 次，比如 ab{1,3}可以匹配 ab 或 abb 或 abbb
{m,}	表达式至少重复 m 次，比如\w\d{2,}可以匹配 a12,_1111、M123 等
?	匹配表达式 0 次或者 1 次，相当于{0,1}，比如 a[cd]?可以匹配 a、ac、ad
+	表达式至少出现 1 次，相当于{1,}，比如 a+b 可以匹配 ab、aab、aaab 等
*	表达式出现 0 次到任意次，相当于{0,}，比如\^*b 可以匹配 b、^^^b 等

匹配时需要注意字符和字符串，比如 ab{1,3}中重复的是 b 而不是 ab，(ab){1,3}这样重复的才是 ab。相关练习如下。

```
import re
# group()函数，以字符串返回匹配的数据
print(re.search('\d{2,3}', 'abc123').group())
print(re.search('\d{2,3}', 'abc1'))
```

运行结果：

```
123
None
```

2. 位置匹配

如果对匹配出现的位置有要求，比如开头、结尾、单词之间等，这就需要位置匹配，相应的规则如表 6-6 所示。

表 6-6 位置匹配规则

表达式	匹配
^	在字符串开始的地方匹配，符号本身不匹配任何字符
$	在字符串结束的地方匹配，符号本身不匹配任何字符
\b	匹配一个单词边界，也就是单词和空格之间的位置，符号本身不匹配任何字符
\B	匹配非单词边界，即左右两边都是\w 范围或者左右两边都不是\w 范围时的字符缝隙

相关练习如下。

```
import re
print(re.search('^a', 'abc123a').span()) # 从开头匹配
print(re.search('a$', 'abc123a').span()) # 从末尾匹配
(0, 1)
(6, 7)
```

3. 贪婪与非贪婪模式

在重复匹配时，正则表达式默认总是尽可能多地匹配，这被称为贪婪模式。比如“.*”匹配任意字符时会尽可能长地向后匹配，如果我们想阻止这种贪婪模式，需要加个问号，尽可能少地匹配，同理，带有*和{m,n}的重复匹配表达式都是尽可能地多匹配，相关练习如下。

```
import re
html = '<h1> hello world </h1>'
# findall()：在整个字符串中查找所有满足规则的字符，并返回列表
re.findall('<.*>', html)        # 贪婪模式默认匹配到所有内容
re.findall('<.*?>', html)       # 若想匹配两个标签的内容，可以加上问号来阻止贪婪模式
```

运行结果：

```
['<h1> hello world </h1>']
['<h1>', '</h1>']
```

6.2 re 模块

正则表达式处理字符串主要有 4 大功能：匹配、获取、替换和分割。匹配功能是查看一个字符串是否符合正则表达式的语法，一般返回 true 或者 false；获取功能是使用正则表达式来提取字符串中符合要求的文本；替换功能是查找字符串中符合正则表达式的文本，并用相应的字符串进行替换；分割功能是使用正则表达式对字符串进行分割。

6.2.1 match()方法

re.match()：尝试从字符串的起始位置匹配一个模式，如果匹配成功则返回匹配的信息，如果不是起始位置匹配成功的话，match()就返回 None，其返回的匹配信息的调用方法如表 6-7 所示，语法如下所示。

```
re.match(pattern, string, flags = 0)
```

参数的功能如下。

- pattern：匹配的正则表达式。
- string：要匹配的字符串。
- flags：标志位，用于控制正则表达式的匹配方式，默认值为 0。

表 6-7　match()方法

方法名称	作用
group()	以 str 形式返回对象中匹配的元素
start()	返回开始位置
end()	返回结束位置
span()	以 tuple 形式返回范围

相关练习如下。

```
import re
print(re.match('www.p', 'www.ptpress.com'))
print(re.match('www.p', 'www.ptpress.com').span())    # 在起始位置匹配
print(re.match('www.p', 'www.ptpress.com').start())
print(re.match('www.p', 'www.ptpress.com').end())
print(re.match('www.p', 'www.ptpress.com').group())
```

运行结果：

```
<re.Match object; span = (0, 5), match = 'www.p'>
(0, 5)
0
5
www.p
```

```
import re
print(re.match('ww.p', 'www.ptpress.com'))
```

运行结果：None

6.2.2　search()方法

search()方法会在整个字符串内查找模式匹配，只到找到第一个匹配然后返回一个包含匹配信息的对象，而 match()方法必须从第一个字符查找，语法如下。

```
re.search(pattern, string, flags = 0)
```

参数的功能如下。

- pattern：匹配的正则表达式。
- string：要匹配的字符串。
- flags：标志位，用于控制正则表达式的匹配方式，默认值为 0。

使用 search()方法返回的结果和 match()一样，可以通过调用 group()、start()、end()、span()方法得到匹配的字符串，如果字符串没有匹配，则返回 None，相关练习如下。

```
import re
print(re.search("tion", "function")) # 从全文中查找
print(re.search("tion", "function").span())
print(re.search("tion1", "function"))
```

运行结果：

```
<re.Match object; span = (4, 8), match = 'tion'>
(4, 8)
None
```

6.2.3 findall()方法

findall()方法会在整个字符串内查找模式匹配，找到并返回所有包含匹配信息的对象，match()和 search()是匹配一个结果，findall()匹配所有符合规则的结果。语法如下。

```
re.findall(pattern, string, flags = 0)
```

参数的功能如下。

- pattern：匹配的正则表达式。
- string：要匹配的字符串。
- flags：标志位，用于控制正则表达式的匹配方式，默认值为 0。

使用 findall()方法的时候，注意返回的是列表，不能使用 span()方法和 group()方法，相关程序示例如下。

```
import re
print(re.findall("tion", "functionfunction"))
print(re.findall("tion1", "functionfunction"))
```

运行结果：

```
['tion', 'tion']
[]
```

6.2.4 项目实训——邮箱验证

1. 实验需求

设计一个程序，当用户输入注册的邮箱时，系统来验证邮箱是否规范。要求如下。

（1）邮箱为 163 邮箱，后缀为@163.com。
（2）注册的邮箱名字由数字、字母、下画线组成。
（3）注册的邮箱字符长度不超过 19 位。

2. 实验步骤

（1）导入 re 库。
（2）输入邮箱地址并存入变量中。
（3）匹配正则表达式，完成对邮箱地址的验证，并输出验证的结果。

3. 代码实现

```
import re
text = input("请输入邮箱:")
```

```
if re.match(r'[0-9a-zA-Z_]{0,19}@163.com',text):
    print('邮箱符合规范!')
else:
    print('邮箱不符合规范!')
```

运行结果：

```
请输入邮箱：123456@163.com
邮箱符合规范!
```

4. 代码分析

该项目的难点是如何制定匹配的正则表达式，邮箱可视为由两部分内容组成，左边为邮箱账号，右边为域名，中间用@分隔，左边通常由数字、大小与字母和下画线组成；右边一般也可由字母、数字、下画线和小数点组成。

6.3 项目实训——用户名注册验证系统

1. 实验需求

网页中注册的用户名有各种要求，比如长度、类型等，现需要编写一个程序判断出用户输入的注册名是否满足要求。

2. 实验步骤

（1）导入 Python 自带的正则库。
（2）创建函数验证用户名是否在 8～16 位。
（3）验证用户名是否是数字、字母、下画线和一些特殊字符。
（4）验证用户名是否由数字、字母、下画线和特殊字符中的两种组成。
（5）判断用户名是否已存在。
（6）打印输入的用户名，是否满足规则。

3. 代码实现

```
# 用户注册用户名验证系统
import re
# 验证用户名
# 用户名在 8～16 位
# 用户名由数字、字母、下画线和特殊字符（-!@#$%&*）组成
def checking_username1(data):
    rule = "^[\w,-,!,@,#,$,%,&,*]{8,16}$"
    result = re.match(rule,data)
    return result
# 用户名必须由特殊字符和数字、字母、下画线中的至少一种构成
def checking_username2(data):
    normal_num = 0    # 正常数量
    special_num = 0   # 特殊数量
```

```
    rule_normal = "[\w]"
    rule_special = '[-!@#$%&*]'
    for i in data:
        if re.search(rule_normal, i):
            normal_num + = 1
        elif re.search(rule_special,i):
            special_num + = 1
    if normal_num> = 1 and special_num> = 1:
        return data

name_list = []
while True:
    print("""
    1.用户名在 8~16 位
    2.数字、字母、下画线和特殊字符（-!@#$%&*）
    3.用户名中必须由特殊字符和数字、字母、下画线中的至少一种构成
    """)
    username = input("请输入用户名：")
    if username:
        print("用户名不为空--已验证")
        data = checking_username1(username)
        if data:
            print("用户名在 8~16 的数字、字母、下画线和特殊字符(-!@#$%&*)--已验证")
            result = checking_username2(username)
            if result:
                print("用户名中必须由特殊符号和数字、字母、下画线中的至少一种构成--已验证")
                if username not in name_list:  # 验证是否被注册过
                    name_list.append(username)
                    print("*"*20)
                    print("恭喜你，你输入的用户名可用！")
                else:
                    print("你注册的用户名已存在，请重新注册")
                    continue
            else:
                print("用户名不符合规则，请重新输入")
                continue
        else:
            print("用户名不符合规则，请重新输入")
            continue
    else:
        print("用户名不能为空,请重新输入")
        continue
```

运行结果：

```
1.用户名在 8~16 位
2.数字、字母、下画线和特殊字符（-!@#$%&*）
3.用户名中必须由特殊字符和数字、字母、下画线中的至少一种构成
```

```
请输入用户名：zhangsan!
用户名不为空--已验证
用户名在 8~16 的数字、字母、下画线和特殊字符（-!@#$%&*）--已验证
用户名中必须由特殊字符和（数字、字母、下画线中的至少一种）构成--已验证
********************
恭喜你，你输入的用户名可用!
```

4. 代码分析

此项目重点在于正则语法的应用，通过循环层层验证来得到需要的用户名。

6.4 本章小结

本章主要介绍了正则表达式的概念、语法和使用方法，讲解了正则表达的匹配规则和方法，剖析了相应的程序。正则表达式常被用来检索、替换某些符合某种规则的文本，灵活运用正则表达式会极大地精简程序，提高程序运行效率。

6.5 本章习题

一、选择题

1. Python 语言中，正则表达式的导入语句为（　　）。

   A. import os　　B. import sys　　C. import wx　　D. import re

2. （多选）Python 与正则表达式“<[^"]*?>”匹配的字符串包括（　　）。

   A. <h1>　　B. <h1 class = ' Title ' >

   C. <>　　D. <h1 class = "Title " >

3. 正则表达式元字符（　　）用来表示该符号前面的字符或子模式 0 次或多次出现。

   A. +　　B. ^　　C. *　　D. |

4. 已知 x = 'a234b123c'，并且 re 模块已导入，则表达式 re.split('\d+', x) 的值为（　　）。

   A. ['a', 'b', 'c']　　B. 'abc'　　C. 'a', 'b', 'c'　　D. ['a', '234b', '123c']

5. （多选）下列关于正则表达式叙述错误的是（　　）。

   A. 正则表达式元字符“^”一般用来表示从字符串开始处进行匹配，如果用在一对方括号中，则表示反向匹配，不匹配方括号中的字符

   B. 正则表达式元字符“\s”用来匹配任意空白字符

   C. 正则表达式'python|perl'或'p(ython|erl)'都可以匹配'python'或'perl'

   D. 正则表达式'^\d{18}|\d{15}$'是指检查给定字符串是否为 18 位或 15 位数字字符，并保证一定是合法的身份证号

二、程序设计题

1. 写一个正则表达式，使其能同时识别所有的字符串：'bat'、'bit'、'but'、'hat'、'hit'、'hut'。
2. 匹配一行文字中所有开头的数字内容或数字内容。
3. 使用正则表达式匹配合法的邮件地址。

第 7 章 面向对象程序设计

07

内容导学

面向对象是一种以类为基础，将对象的行为和数据进行封装，通过对象之间的消息传递来完成系统开发的编程思想，也是当下最流行的软件设计思想。而 Python 语言是一门天然的面向对象语言，在 Python 语言中一切皆对象，不管是数字还是字符串，不管是列表还是字典，甚至函数都是对象。在 Python 语言中自定义对象是从类创建的，类相当于对象模板，本章将对类和对象的内容进行详细的介绍。

学习目标

① 理解面向对象的思想，明确类和对象的含义。
② 掌握类定义和类对象。
③ 掌握类成员的继承方法。
④ 了解类的属性和方法。
⑤ 了解并能够应用类的方法重载和运算符重载。

7.1 定义和使用类

编程语言一般编程的模式有以下 3 种。

（1）面向过程：根据业务逻辑从上到下写代码。

（2）函数式：将某功能代码封装到函数中，日后便无须重复编写，调用函数即可。

（3）面向对象：对函数进行分类和封装，让程序开发更好、更快和更强。

面向过程编程一般就是用一长段代码来实现指定功能，函数式编程就是定义若干子函数，通过调用子函数实现程序功能，面向对象的编程则是定义一个对象，通过面向对象的方式实现功能的调用，程序开发更快更简单。高级语言基本都支持面向对象的编程方法，Python 语言从设计之初就已经是一门面向对象的语言，正因为如此，在 Python 语言中创建一个类和对象是很容易的。本章我们将详细地介绍 Python 的面向对象编程。

7.1.1 面向对象简介

面向对象编程（Object-Oriented Programming，OOP）是一种封装代码的方法。在面向对象编程中，对象是拥有具体属性值和操作功能的实体。对象中的属性值的不同使得一个对象区别于同类的其他对象，而对象中封装的方法则体现为对象的功能，表示程序通过对象可以执行的操作。在 Python 语言中所有的变量其实也都是对象，包括整型（int）、浮点型（float）、字符串（str）、列表（list）、元组（tuple）、字典（dict）和集合（set）。以字典（dict）为例，它包含多个方法供我们使用。例如，使用 keys()方法获取字典中所有的键，使用 values()方法获取字典中所有的值，使用 items()方法获取字典中所有的键值对等。

7.1.2 类定义和类对象

Python 语言中的自定义类型对象从类中创建而来，类可以理解为对象的模板，其中定义了同类对象应该具有的属性，以及应该提供的功能方法。类是一个抽象的概念，而对象是类具象化的结果。类比于现实世界中的事物，如汽车就相当于是一个类，提到它我们知道它应具有行驶的功能，而车型、重量、最大行驶速度、车龄等是汽车应该具有的属性。而一辆具体的汽车是一个对象，在这个对象中，车型、重量等属性有了具体的值。Python 定义类的简单语法如下。

```
class 类名:
    执行语句...
    零个到多个类变量...
    零个到多个方法...
```

类名只要是一个合法的标识符即可，为了增强程序的可读性，Python 的类名通常是由一个或多个有意义的单词连缀而成的，每个单词首字母大写，其他字母全部小写，单词与单词之间不要使用任何分隔符。Python 语言的类定义由类头（指 class 关键字和类名部分）和统一缩进的类体构成，在类体中最主要的两个成员就是类变量和方法。实例方法的第一个参数会被绑定到方法的调用者（该类的实例），因此实例方法至少应该定义一个参数，该参数通常会被命名为 self。如果开发者没有为该类定义任何构造方法，那么 Python 语言会自动为该类定义一个只包含一个 self 参数的默认的构造方法。下面定义了一个 Person 类，示例代码如下。

```
class Person:
    hair = 'black'          # 定义了一个类变量
    def __init__(self, name = 'Charlie', age = 8):   # 为 Person 对象增加 2 个实例变量
        self.name = name
        self.age = age
    def say(self, content): # 定义了一个 say()方法
        print(content)
a = Person('sam')          # 新创建一个 Person 类的 a 对象
print(a.name)              # 打印 a 的 name 属性
a.say('Hello')             # 使用 a 的 say()方法
```

运行结果：

```
sam
Hello
```

7.2 继承

在程序中，继承描述的是多个类之间的所属关系，如果一个类 A 里面的属性和方法可以复用，则可以通过继承的方式，传递到类 B 里。那么类 A 就是基类，也叫作父类，类 B 就是派生类，也叫作子类。继承的作用表现在类 B 通过继承能够使用类 A 的方法和属性。

7.2.1 单继承

子类只继承一个父类，如果类 B 只继承一个父类 A，那么类 B 的定义如下。

```
# object 是所有类
class A(object): # 一个新类
    def a_func1(self):
        print("a_function1")

class B(A): # 单继承，继承了 A
    def b_func1(self):
        print("b_function1")

john = B() # 给类 B 实例化一个对象
john.b_func1()    # 类 B 自己的方法
john.a_func1()    # 类 B 继承了类 A，所以能够直接使用类 A 的方法
```

运行结果：

```
b_function1
a_function1
```

7.2.2 多继承

子类继承多个父类，如果类 B 继承了类 A 和类 C，那么类 B 的定义如下。

```
class B(A,C):
    pass
```

相关程序示例如下。

```
class A(object): # 一个新类
    def a_func1(self):
        print("a_function1")

class C(object): # 一个新类
    def c_func1(self):
        print("c_function1")

class B(A, C): # 多继承，继承了 A 和 C
    def b_func1(self):
        print("b_function1")

john = B() # 给类 B 实例化一个对象
john.b_func1()    # 类 B 自己的方法
john.a_func1()    # 类 B 继承了类 A，所以能够直接使用类 A 的方法
john.c_func1()    # 类 B 继承了类 C，所以能够直接使用类 A 的方法
```

运行结果：

```
b_function1
a_function1
c_function1
```

7.2.3 方法重载

1. 概念

重载是对继承的父类方法进行重新定义，重载可以重新定义方法，还可以重新定义运算符。因为通过继承的类不一定能满足当前类的需求，在当前类中只需要修改部分内容就可以满足自己的需求。

2. 特点

- 减少代码量和灵活指定类型。
- 子类具有父类的方法和属性。
- 子类不能继承父类的私有方法或属性。
- 子类可以添加新的方法。
- 子类可以修改父类的方法。

3. 方法重载示例

```
class human(object):
    __name = ''    # 定义属性
    __sex = 0
    __age = 0
    def __init__(self, sex, age):
        self.__sex = sex
        self.__age = age
    def set_name(self,name):
        self.__name = name

    def show(self):
        print(self.__name, self.__sex, self.__age)

class student(human): # 继承 human 类
    __classes = 0
    __grade = 0
    __num = 0
    def __init__(self, classes,grade,num,sex,age):    # 重载 __init__ 方法
        self.__classes = classes
        self.__grade = grade
        self.__num = num
        human.__init__(self, sex, age)
    def show(self):    # 重载 show 方法
        human.show(self)
        print(self.__classes,self.__grade,self.__num)
```

```
a = student('计算机 1 班','大二',20200218,'男',19)
a.set_name('小明')
a.show()
```

运行结果:

小明 男 19
计算机 1 班 大二 20200218

7.2.4 运算符重载

运算符重载是在类方法中修改内置的操作，当类的实例出现在内置操作中，Python 语言会自动调用重新定义的方法，并将重新定义方法的返回值变成了相应操作的结果。运算符重载可以让自定义的类生成的对象能够使用运算符进行操作，常用的运算符重载如表 7-1 所示。

表 7-1 常用的运算符重载

方法名	运算符和表达式	说明
__add__(self,rhs)	self + rhs	加法
__sub__(self,rhs)	self - rhs	减法
__mul__(self,rhs)	self * rhs	乘法
__truediv__(self,rhs)	self / rhs	除法
__floordiv__(self,rhs)	self // rhs	地板除
__mod__(self,rhs)	self % rhs	取模（求余）
__pow__(self,rhs)	self ** rhs	幂运算

相关程序示例如下。

```
class Mynumber:
    def __init__(self,v):
        self.data = v
    def __repr__(self):  # 消除两边的尖括号
        return "Mynumber(%d)"%self.data

    def __add__(self,other): # 此方法用来制定 self + other 的规则
        v = self.data + other.data
        return Mynumber(v)   # 用 v 创建一个新的对象返回给调用者

    def __sub__(self,other): # 此方法用来制定 self - other 的规则
        v = self.data - other.data
        return Mynumber(v)

n1 = Mynumber(100)
n2 = Mynumber(200)
n3 = n1+n2              # n3 = n1.__add__(n2)
print(n3)               # Mynumber(300)
n4 = n3 - n2            # 等同于 n4 = n3.__sub__(n2)
print("n4 = ",n4)
```

运行结果：

```
Mynumber(300)
n4 = Mynumber(100)
```

7.3 类的属性和方法

类的属性和方法都可以分为私有和公有，公有的可以在内部和外部使用，私有的只可以在本类中使用，外部是无法访问的。定义属性的语法如下。

```
class 类名:
    def __init__(self):
        self.变量名 1 = 值 1        # 定义一个公有属性
        self.__变量名 2 = 值 2      # 定义一个私有属性
```

定义方法（成员方法）的语法如下。

```
class 类名:
    def 方法名(self):  # 定义一个公有方法
        pass
    def __方法名(self):  # 定义一个私有方法
        pass
```

7.3.1 私有属性和私有方法

1. 私有属性

在实际开发中，为了提高程序的安全性，关于类的属性都会封装起来，Python 语言中为了更好地保证属性安全，即不能随意修改。一般属性的处理方式如下。

（1）将属性定义为私有属性。

（2）添加一个可以调用的方法来调用相关属性。Python 中用双下画线（__）开头，声明该属性为私有，这样就不能在类的外部使用或直接访问该属性，相关程序示例如下。

```
class Person1(object):
    country = 'china'   # 类属性
    __language = "Chinese"   # 私有类属性也不能直接外部调用
    def __init__(self,name,age):
        self.name = name
        self.__age = age    # 使用“__”表示私有属性，对象不能直接调用，要通过方法调用

    def getAge(self):
        return self.__age

    def setAge(self,age):
        if age >100 or age <0:
            print("age is not true")
        else :
```

```
            self.__age = age

    def __str__(self):
        info = "name : "+self.name +'    age：'+str(self.__age)   # 注意这里不是 self.age
        return info

#------------------创建对象，调用方法，属性测试-------------------
stu1 = Person1("tom",18)
print("修改前的结果：",stu1.__str__())
stu1.name = "tom_2"    # 修改 stu1 的 name 属性
print("修改 name 后的结果：",stu1.__str__())
print(stu1.__age)    # 这里直接调用私有属性__age，结果会报错
```

运行结果：

```
修改前的结果：  name : tom    age：18
修改 name 后的结果：  name : tom_2    age：18
AttributeError: 'Person1' object has no attribute '__age'
```

2. 私有方法

私有方法以双下画线“__”开头，声明该方法为私有方法，只能在类的内部调用，类的内部的其他方法可以调用它，但不能在类的外部调用它。相关程序示例如下。

```
class Person5:
    def __p(self):
        print("这是私有方法")   # 内部函数之间可以相互调用
    def p1(self):
        print("这是 p1 不是私有方法")
    def p2(self): # 这是 p2，可以调用 p1，也可以调用私有方法__p
        self.p1()
        self.__p()
# 创建对象
c1 = Person5()
c1.p1()
c1.p2()
```

运行结果：

```
这是 p1 不是私有方法
这是 p1 不是私有方法
这是私有方法
```

7.3.2 魔术方法

在 Python 中以双下画线（__）开头，双下画线结尾的方法，比如__init__、__str__、__doc__、__new__等，被称为“魔术方法”（Magic methods）。魔术方法在类或对象的某些事件发生后会自动执行，如果希望根据自己的程序定制特殊功能的类，那么就需要对这些方法进行重写。使用 Python 的魔术方法的最大优势在于 Python 提供了简单的方法让对象表现得像内置类

型一样，常用的魔术方法如表 7-2 所示。

注意

Python 语言中将所有以双下画线开头，双下画线结尾的类方法保留为魔术方法。所以在定义类方法时，除了上述魔术方法，建议不要以“__”为前缀。

表 7-2　常用的魔术方法

魔术方法	描述
__new__	创建类并返回这个类的实例
__init__	可理解为“构造函数”，在对象初始化的时候调用，使用传入的参数初始化该实例
__del__	可理解为“析构函数”，当一个对象进行垃圾回收时调用
__metaclass__	定义当前类的元类
__class__	查看对象所属的类
__base__	获取当前类的父类
__bases__	获取当前类的所有父类
__str__	定义当前类的实例的文本显示内容
__getattribute__	定义属性被访问时的行为
__getattr__	定义试图访问一个不存在的属性时的行为
__setattr__	定义对属性进行赋值和修改操作时的行为
__delattr__	定义删除属性时的行为
__copy__	定义对类的实例调用 copy.copy() 获得对象的一个浅拷贝时所产生的行为
__deepcopy__	定义对类的实例调用 copy.deepcopy() 获得对象的一个深拷贝时所产生的行为
__eq__	定义相等符号（==）的行为
__ne__	定义不等符号（!=）的行为
__lt__	定义小于符号（<）的行为
__gt__	定义大于符号（>）的行为
__le__	定义小于等于符号（<=）的行为
__ge__	定义大于等于符号（>=）的行为
__add__	实现操作符“+”表示的加法
__sub__	实现操作符“-”表示的减法
__mul__	实现操作符“*”表示的乘法
__div__	实现操作符“/”表示的除法
__mod__	实现操作符“%”表示的取模（求余数）
__pow__	实现操作符“**”表示的指数操作
__and__	实现按位与操作
__or__	实现按位或操作
__xor__	实现按位异或操作
__len__	用于自定义容器类型，表示容器的长度
__getitem__	用于自定义容器类型，定义当某一项被访问时，使用 self[key]所产生的行为

续表

魔术方法	描述
__setitem__	用于自定义容器类型，定义执行 self[key] = value 时产生的行为
__delitem__	用于自定义容器类型，定义一个项目被删除时的行为
__iter__	用于自定义容器类型，一个容器迭代器
__reversed__	用于自定义容器类型，定义当 reversed() 被调用时的行为
__contains__	用于自定义容器类型，定义调用 in 和 not in 来测试成员是否存在的时候所产生的行为
__missing__	用于自定义容器类型，定义在容器中找不到 key 时触发的行为

__init__()方法在创建一个对象时默认被调用，不需要手动调用。在程序开发中，如果希望在创建对象的同时设置对象的属性，可以对__init__()方法对其进行改造，如下所示。

```
class Cat:
    def __init__(self,name):    # 重写了 __init__ 魔法方法
        self.name = name

    def eat(self):
        return "%s 爱吃鱼"%self.name
    def drink(self):
        return '%s 爱喝水'%self.name

tom = Cat("Tom")    # 创建对象时，必须要指定 name 属性的值
print(tom.eat())
```

运行结果：Tom 爱吃鱼

7.3.3 项目实训——创建商品信息

1. 实验需求

使用类的属性和方法，处理多种商品，判断药品是否过期。

2. 实验步骤

（1）Medicine 类的属性包含 4 个，分别为：药名（name）、价格（price）、生产日期（PD）和失效日期（Exp）。

（2）Medicine 类包含 3 个方法，分别为：获取药品名称 [get_name()]、计算保质期 [get_GP()]、计算药品是否过期 [is_expire()]。

（3）商品名称和生产日期只能查看不能修改。

3. 代码实现

```
from datetime import datetime
class Medicine(object):
    def __init__(self, name, price,PD,Exp):
```

```
        self.name = name
        self.price = price
        self.PD = PD
        self.Exp = Exp
    def get_name(self):
        return self.name
    def get_GP(self):
        start = datetime.strptime(self.PD,'%Y-%m-%d')
        end = datetime.strptime(self.Exp,'%Y-%m-%d')
        GP = end-start
        return GP.days
    def is_expire(self):
        today = datetime.now()
        oldday = datetime.strptime(self.Exp,'%Y-%m-%d')
        if today>oldday:
            return True
        else:
            return   False

medicineObj = Medicine('感冒胶囊',100,'2019-1-1','2019-3-1')
print('name: ',medicineObj.get_name())
print('药品保质期为：',medicineObj.get_GP())
print('药品是否过期：','药品过期' if medicineObj.is_expire() else '药品未过期')
```

运行结果：

```
name:感冒胶囊
药品保质期为：59
药品是否过期：药品过期
```

4. 代码分析

项目重点是对类的使用，包含对类变量和类方法的使用，并理解类对象的使用方式。

7.4 项目实训——射击游戏

1. 实验需求

射击游戏先要创建人物，每个人物都有自己的名字和 7 发子弹，射击时子弹会减少，但可以填充子弹。

2. 实验步骤

（1）创建类。
（2）设置类对象和 7 发子弹。
（3）设置属性：名字和性别。
（4）添加射击方法，可以实现子弹数量的减少。

（5）添加展示子弹量的方法。

（6）添加填充子弹的方法，实现子弹数量的增加。

3. 代码实现

```
class ShootingPeople:
    left_wheel_bullet = 7   # 左轮的子弹为 7 发
    def __init__(self,hero_name,gender):
        self.hero_name = hero_name
        self.gender = gender
    # 射击
    def shooting(self):
        if ShootingPeople.left_wheel_bullet > 0:
            ShootingPeople.left_wheel_bullet - = 1
            print("({}){}：你打了一枪".format(self.gender,self.hero_name))
        else:
            print("({}){}：你的子弹已空，请填充".format(self.gender,self.hero_name))

    # 显示子弹数量
    def show(self):
        print("({}){}：你的枪里还有{}颗子弹：".format(self.gender,self.hero_name,ShootingPeople.left_
wheel_bullet))
    # 填充子弹
    def fill_bullet(self):
        if ShootingPeople.left_wheel_bullet < 7 :
            ShootingPeople.left_wheel_bullet + = 1
            print("({}){}：你已填充了一颗子弹".format(self.gender,self.hero_name))
        else:
            print("({}){}：你的弹量充足，尽情地游戏吧！".format(self.gender,self.hero_name))

if __name__ == '__main__':
    hero = None
    while True:
        print("""
            1.创建人物指令：1
            2.开始游戏指令：2
            3.退出游戏指令：3
        """)
        order = input("请输入游戏指令：")
        if order == "1":
            username = input("请输入游戏人物名：")
            select_gender = input("请选择性别（男: 1,女: 2）：")
            if select_gender == "1":
                hero = ShootingPeople(username,"男")
            elif select_gender == "2":
                hero = ShootingPeople(username, "女")
        elif order == "2":
            if hero:
```

```
                print("游戏已开始...")
                while True:
                    print("""
                        1.射击指令：w
                        2.显示子弹：a
                        3.填充子弹：d
                        4.结束游戏：0
                    """)
                    operation = input("输入你的操作指令：")
                    if operation == "w":
                        hero.shooting()
                    elif operation == "a":
                        hero.show()
                    elif operation == "d":
                        hero.fill_bullet()
                    elif operation == "0":
                        print("游戏已结束...")
                        break
            else:
                print("未创建英雄，请创建...")
        elif order == "3":
            print("游戏已退出...")
            break
```

运行结果：

```
        1.创建人物指令：1
        2.开始游戏指令：2
        3.退出游戏指令：3
请输入游戏指令：1
请输入游戏人物名：赵云
请选择性别（男: 1,女: 2）：1
        1.创建人物指令：1
        2.开始游戏指令：2
        3.退出游戏指令：3

请输入游戏指令：2
游戏已开始...
                        1.射击指令：w
                        2.显示子弹：a
                        3.填充子弹：d
                        4.结束游戏：0
输入你的操作指令：a
(男)赵云: 你的枪里还有 7 颗子弹:
                        1.射击指令：w
                        2.显示子弹：a
                        3.填充子弹：d
                        4.结束游戏：0
```

```
输入你的操作指令：w
(男)赵云：你打了一枪
                    1.射击指令：w
                    2.显示子弹：a
                    3.填充子弹：d
                    4.结束游戏：0

输入你的操作指令：a
(男)赵云：你的枪里还有 6 颗子弹：
                    1.射击指令：w
                    2.显示子弹：a
                    3.填充子弹：d
                    4.结束游戏：0

输入你的操作指令：d
(男)赵云：你已填充了一颗子弹
                    1.射击指令：w
                    2.显示子弹：a
                    3.填充子弹：d
                    4.结束游戏：0
输入你的操作指令：0
游戏已结束...
          1.创建人物指令：1
          2.开始游戏指令：2
          3.退出游戏指令：3

请输入游戏指令：3
游戏已退出...
```

4. 代码分析

此项目重点在类的应用、类变量的创建。在生成对象时，会创建一个游戏人物的名字和性别，模仿了当前流行射击游戏的最初设计。

7.5 本章小结

本章主要介绍了 Python 面向对象程序设计的相关基础内容，包括定义和使用类，定义和使用类的属性和方法、对类的继承、方法重载和运算符重载，以及魔术方法的使用等。Python 是一门面向对象的高级语言，初学者需要通过面向对象编程，熟悉面向对象开发的思维和方法，同时要对类的定义和使用进行熟练掌握。

7.6 本章习题

一、单选题

1. 下面说法正确的是（　　）。

   A. 类是创建实例的模板，而实例则是一个一个具体的对象，各个实例拥有的数据都互相

独立，互不影响

B. 方法就是与实例绑定的函数，和普通函数不同，方法可以直接访问实例的数据

C. Python 语言允许对实例变量绑定任何数据

D. 以上都对

2. 下面说法正确的是（　　）。

A. 公有方法和私有方法均可通过对象名直接调用

B. 静态方法和类方法都可以通过类名和对象名调用，方法内部直接访问属于对象的成员

C. 公有方法通过对象名直接调用，私有方法不能通过对象名直接调用，只能在属于对象的方法中通过 self 调用或在外部通过 Python 支持的特殊方式来调用

D. 一般将 cls 作为类方法的第一个参数名称，也可以使用其他的名字作为参数，但是在调用类方法时必须为该参数传递值

3. 下列方法属于类中可以定义的方法成员的有（　　）。

A. 类方法　　B. 静态方法　　C. 对象方法　　D. 以上都是

4. lst_stu 中保存了一组 Student 对象，为了能直接对 lst_stu 应用 sorted()方法，不指定 key，需要在 Student 类中增加（　　）特殊方法。

A. __cmp__　　B. __str__　　C. __lt__　　D. __le__

5. good_1 和 good_2 是两个 Good 类的对象，现在希望输出 good_1+good_2 的结果，则需要为 Good 类增加（　　）特殊方法。

A. __add__　　B. __str__　　C. __lt__　　D. __le__

6. Student 类中包含了学生各科成绩的定义，为该类增加（　　）方法成员，可以实现对学生对象各科成绩的遍历。

A. __cmp__　　B. __str__　　C. __lt__　　D. __iter__

二、编程题

定义 Person 类，包括两个私有数据成员__name 和__age，在构造函数中将其初始化为指定值，__age 的默认值是 0。为这两个数据成员编写读写属性，并测试代码是否能够正常运行。

第二部分

用户界面设计

第 8 章 HTML标签和CSS属性

内容导学

HTML（Hyper Text Mark-up Language，超文本标记语言）是一种建立网页文件的语言，通过标记式的指令（Tag），将文字、声音、图形、动画等内容显示出来。事实上，每一个 HTML 文档都是一种静态的网页文件，这个文件里面包含了 HTML 指令代码，这些指令代码并不是一种程序语言，而是一种排版网页中资料显示位置的标记结构语言，易学易懂，非常简单。HTML 的普遍应用带来了超文本的技术——通过单击鼠标从一个主题跳转到另一个主题，从一个页面跳转到另一个页面，与世界各地主机的文件链接超文本传输协议规定了浏览器在运行 HTML 文档时所遵循的规则和进行的操作。HTTP 的制定使浏览器在运行超文本时有了统一的规则和标准。

随着 HTML 的成长，为了满足页面设计者的要求，HTML 添加了很多显示功能。但是随着这些功能的增加，HTML 变得越来越杂乱，而且 HTML 页面也越来越臃肿，于是 CSS 便诞生了。CSS 不仅可以静态地修饰网页，还可以配合各种脚本语言动态地对网页各元素进行格式化。CSS 能够对网页中元素位置的排版进行像素级精确控制，支持几乎所有的字体字号样式，拥有对网页对象和模型样式编辑的能力。

本章我们就从 HTML 的基本标签和属性开始学习，再深入了解 CSS 样式，掌握 Web 静态界面制作的基础。

学习目标

① 掌握 HTML 常用标签的使用方法。
② 掌握 HTML 表格和表单操作的方法。
③ 掌握 CSS 基本属性。
④ 掌握 CSS 引用方式。
⑤ 掌握 CSS 选择器的使用方法。
⑥ 掌握 CSS 盒子模型。

8.1 HTML 标签

8.1.1 运用 HTML/HTML5 常用标签进行网页设计

1. HTML 介绍

HTML 是一种制作万维网页面的标准语言，它是目前网络上应用最为广泛的语言，也是构成网页文档的主要语言。HTML 文件是由 HTML 命令组成的描述性文本，HTML 命令可以描述文字、图形、动画、声音、表格、链接等。

PyCharm 可创建 HTML 文件，如图 8-1 所示。

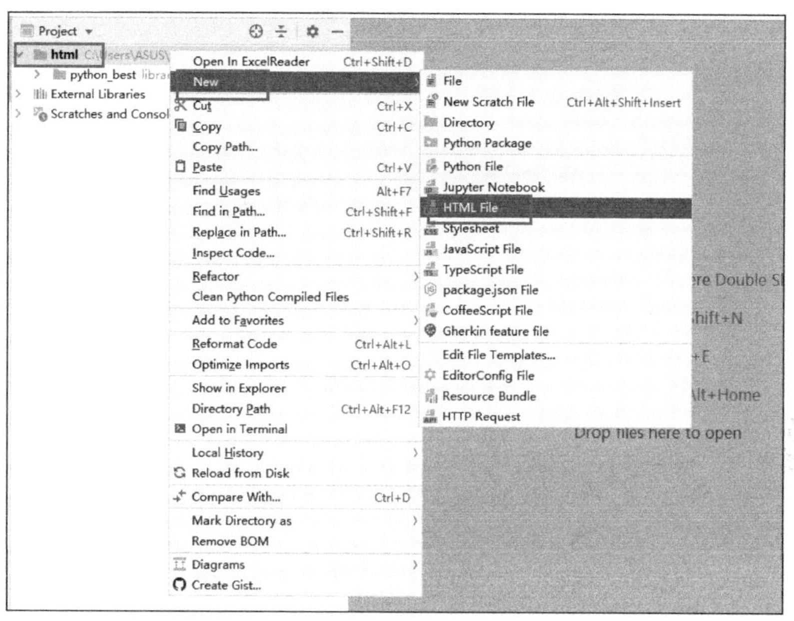

图 8-1　在 PyCharm 中创建 HTML 文件

2. 创建第一个网页

创建第一个网页，如图 8-2 所示。

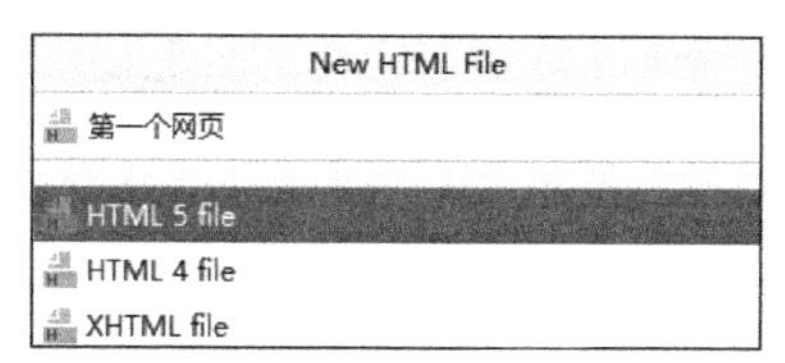

图 8-2　创建第一个网页

网页效果如图 8-3 所示。

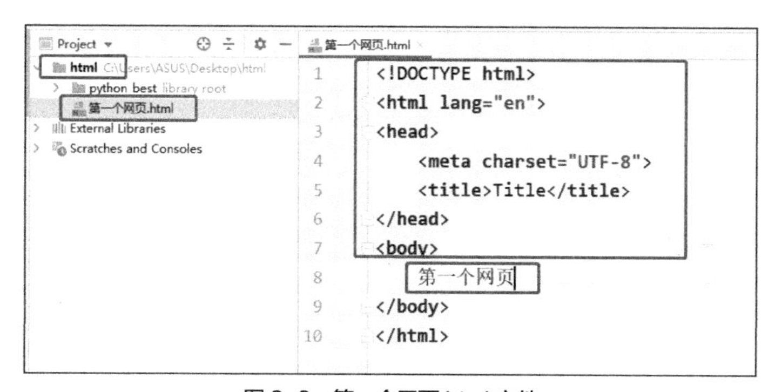

图 8-3　第一个网页.html 文件

运行方法如下。

方法一：可以单击浏览器图标运行程序。

方法二：鼠标右键单击空白处，选择“Run”运行程序。

运行结果如图 8-4 所示。

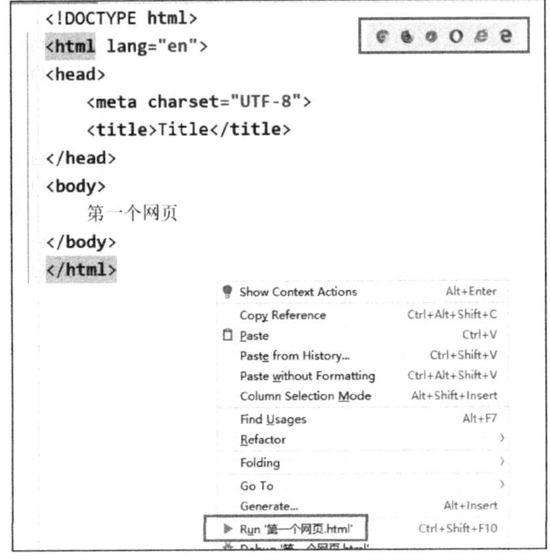

图 8-4　HTML 网页文件的运行方式

3. 浏览器预览查看

程序运行效果如图 8-5 所示。

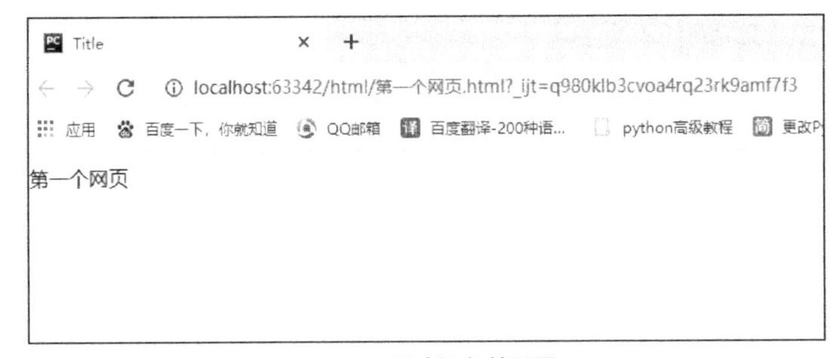

图 8-5　程序运行效果图

4. HTML 文件结构

【案例 1】

```
<html>
  <head>
    <meta charset = "utf-8">
    <title>文档标题</title>
    <link rel = "stylesheet" type = "text/css" href = "style.css">
    <script type = "text/javascript" src = "index.js"></script>
    <style></style>
  </head>
  <body>......</body>
</html>
```

其中标签的解释如下。

- <html></html>称为根标签，所有的网页元素都在<html></html>中。
- <head></head>标签用于定义文档的头部，头部元素含有：<meta>、<title>、<link>、<script>、<style>。
- <title>标签定义文档的标题。
- <meta>标签提供关于 HTML 文档的元数据。
- <link>标签引入外部样式，比如可以通过以下代码引入图标<link rel = "shortcut icon " type = "images/x-icon" href = "httpAddr-003">。
- <script></script>标签可以定义页面的 JavaSaript 代码。
- <style></style>标签用于为 HTML 文档定义样式信息。
- <body></body>标签用于定义网页显示的内容。

8.1.2 掌握常用标签属性

（1）<div>标签可用于组合其他 HTML 元素的容器。可用于对大的内容块设置样式属性。

【案例 2】

```
<!DOCTYPE html>
<html lang="en">
<head>
    <meta charset="UTF-8">
    <title>Title</title>
</head>
<body>
<div>这是个 div 标签</div>
</body>
</html>
```

运行结果，如图 8-6 所示。

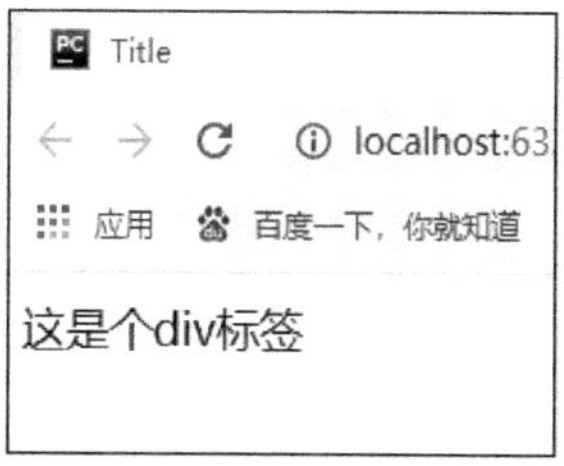

图 8-6 <div>标签运行结果

（2）<hx>是 HTML 的标题标签，只用于标题。不要仅仅是为了生成粗体或大号的文本而使用标题，HTML 提供的标题有 6 种，分别是 h1、h2、h3、h4、h5、h6。

- <h1>定义字号最大的标题，代表大标题，一般一个页面只用一次。
- <h6>定义字号最小的标题。

【案例 3】

```
<!DOCTYPE html>
<html lang="en">
<head>
    <meta charset="UTF-8">
    <title>Title</title>
</head>
<body>
<h1>这是 1 级标题</h1>
<h2>这是 2 级标题</h2>
<h3>这是 3 级标题</h3>
<h4>这是 4 级标题</h4>
```

```
<h5>这是 5 级标题</h5>
<h6>这是 6 级标题</h6>
</body>
</html>
```

运行结果如图 8-7 所示。

图 8-7　标题标签

（3）<p>标签定义段落，会自动在其前后创建一些空白。浏览器会自动添加这些空间。

（4）
标签会在浏览器中插入一个简单的换行符。

（5）<hr>标签定义 HTML 页面中的主题变化（比如话题的转移），并显示为一条水平线。

【案例 4】

```
<!DOCTYPE html>
<html lang="en">
<head>
    <meta charset="UTF-8">
    <title>Title</title>
</head>
<body>
<p>第一段落标签</p>
<br> <!-- 换行标签-->
<p>第二段落标签</p>
<hr> <!--显示一行水平线-->
</body>
</html>
```

运行结果如图 8-8 所示。

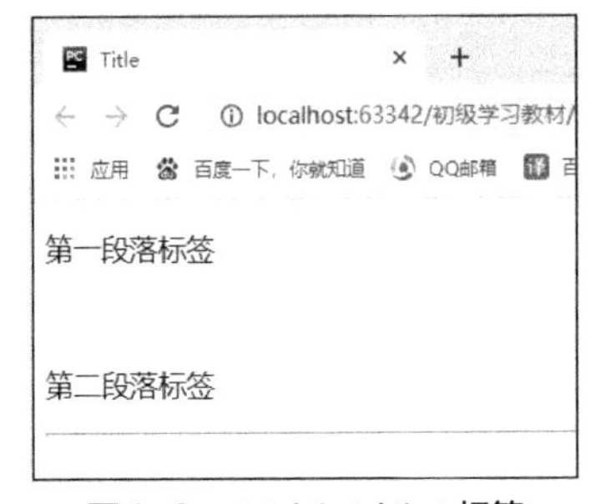

图 8-8　<p>/<hr>/
标签

（6）<a>标签用来设置超文本链接。超链接可以是一个字、一个词，或者一组词，也可以是一幅图像，您可以单击这些内容来跳转到新的文档或者当前文档中的某个部分。

- href 属性：描述了链接的目标 URL。
- target 属性：设置链接跳转方式。

【案例 5】

```
<!DOCTYPE html>
<html lang="en">
<head>
    <meta charset="UTF-8">
    <title>Title</title>
</head>
<body>
<a href="httpAddr-004" target="_blank">去百度</a>
</body>
</html>
```

运行结果如图 8-9 所示。

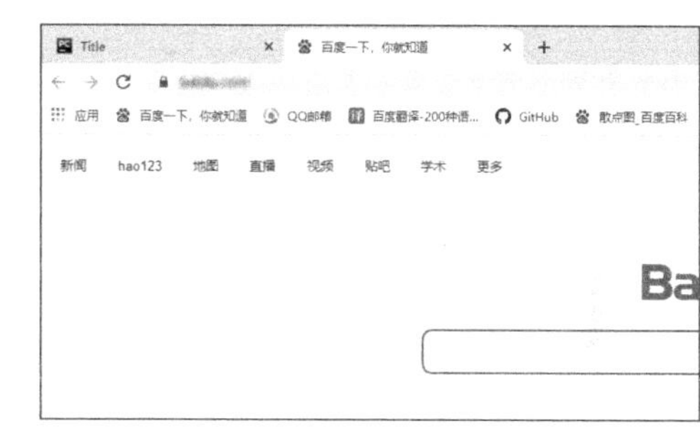

图 8-9　<a>标签跳转情况

（7）<img>标签用来声明图像的插入。

- src 属性：规定显示图像的 URL。URL 为图片的相对路径或者绝对路径。
- alt 属性：规定图像的替代文本。
- title 属性：定义图片的标题，将鼠标移动到图片上会出现。

【案例 6】

```
<!DOCTYPE html>
<html lang="en">
<head>
    <meta charset="UTF-8">
    <title>Title</title>
</head>
<body>
<img src="./12.jpg" alt="张家界" title="张家界风景图">
</body>
</html>
```

运行结果如图 8-10 所示。

（8）<span>用来组合文档中的行内元素，可用作文本的容器。span 元素没有固定的格式表现，只有对它应用样式时，才会产生视觉上的变化。

（9）<ul>标签作为无序列表，是一个项目的列表，此列项目使用粗体圆点（典型的小黑圆圈）进行标记，无序列表始于<ul>标签。每个列表项始于<li>标签。

（10）<ol>为有序列表标签，列表项目使用数字进行标记。有序列表始于<ol>标签。每个列表项始于<li>标签。

（11）<!-- 注释 -->注释标签用于在代码中插入注释。注释不会显示在浏览器中。可使用注释对代码进行解释，这样做有助于以后对代码进行修改，当编写了大量代码时尤其有用。

图 8-10　图片标签

【案例 7】

```
<!DOCTYPE html>
<html lang="en">
<head>
        <meta charset="UTF-8">
        <title>Title</title>
</head>
<body>
<!-- 这就是一个 p 标签的写法 ,快捷方式：ctrl+/-->
<!--无序列-->
<ul>
        <li>无序列表一</li>
        <li>无序列表二</li>
        <li>
              <span>特殊文本</span>
        </li>
</ul>
<!--有序列表-->
<ol>
      <li>有序列表一</li>
      <li>有序列表二</li>
</ol>
</body>
</html>
```

运行结果如图 8-11 所示。

HTML 除了基本的布局标签，还有强大交互功能的标签，比如表单标签，这些标签可以实现基本的登录注册操作。另外，各种标签通过设置不同的属性，也可以实现一些交互效果。

- style 标签规定了行内样式。
- title 标签规定了额外的信息，如当鼠标放在元素上，提示的文本内容。

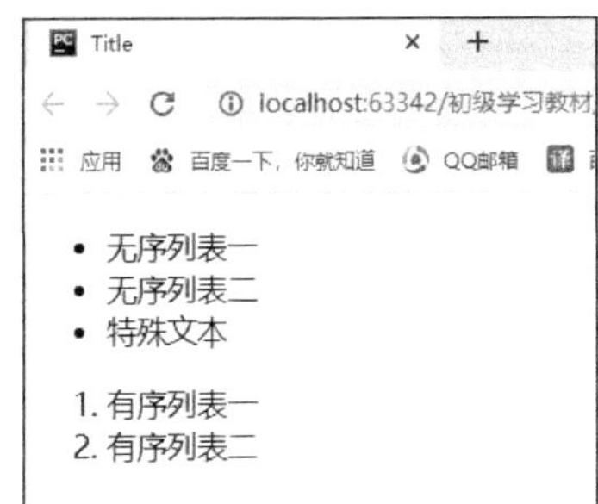

图 8-11　有序、无序列表

【案例 8】

```
<!doctype html>
<html lang="en">
<head>
	<meta charset="UTF-8">
	<title>Document</title>
</head>
<body>
<div style="background: red" title="此处鼠标悬停显示内容">通用属性</div>

</body>
</html>
```

运行结果如图 8-12 所示。

图 8-12　通用属性

8.1.3　表格标签（table）

在 HTML 中，<table>标签表示一个表格，每个表格均有若干行（由<tr>标签定义），每行被分割为若干单元格（由<td>标签定义）。

1. 表格属性

- border：设置表格边框。
- width：设置表格宽度。
- align：设置表格对齐。
- cellpadding：设置单元格间距。
- cellspacing：设置像素间隙。

【案例 9】

```
<!doctype html>
<html lang="en">
<head>
	<meta charset="UTF-8">
	<title>Document</title>
</head>
<body>
<table width = "500" border = "1" align = "center" cellpadding = "0" cellspacing = "0" >
	<tr>
	<td>ID</td>
```

```
        <td>姓名</td>
        <td>性别</td>
        </tr>
        <tr>
        <td>1</td>
        <td>张三</td>
        <td>男/td>
        </tr>
</table>
</body>
</html>
```

运行结果如图 8-13 所示。

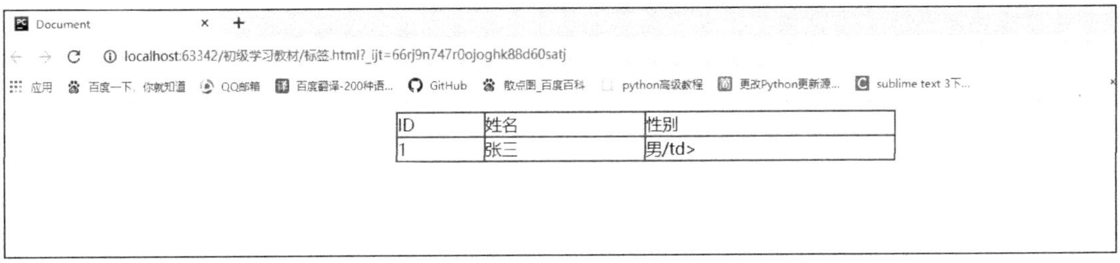

Document × +

localhost:63342/初级学习教材/标签.html?_ijt=66rj9n747r0ojoghk88d60satj

应用 百度一下，你就知道 QQ邮箱 百度翻译-200种语... GitHub 散点图_百度百科 python高级教程 更改Python更新源... sublime text 3下...

ID	姓名	性别
1	张三	男/td>

图 8-13　设置表格

2. 合并属性

- th 标签属性：默认字体加粗（单元格属性）。
- rowspan：向下合并行。

【案例 10】

```
<!doctype html>
<html lang="en">
<head>
        <meta charset="UTF-8">
        <title>Document</title>
</head>
<body>
<!-- 单元格纵跨两行 -->
<table border = "1">
      <tr>
      <th>First Name: </th>
      <td>Bill Gates</td>
      </tr>
      <tr>
      <th rowspan = "2">Telephone: </th>
      <td>555 77 854</td>
      </tr>
      <tr>
      <td>555 77 855</td>
```

```
    </tr>
</table>

</body>
</html>
```

运行结果如图 8-14 所示。

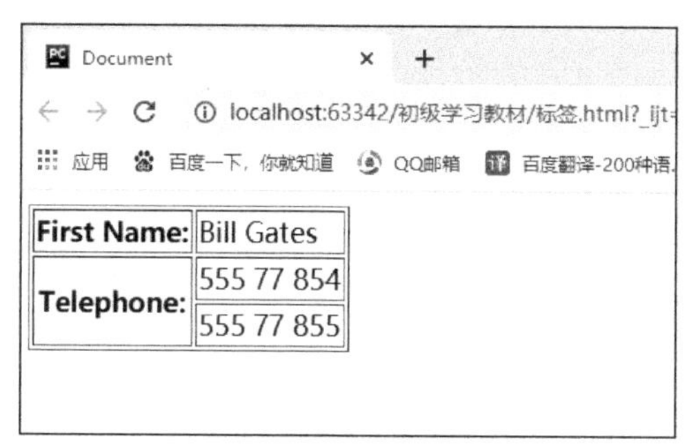

图 8-14　合并行操作

3. colspan 向右合并列

【案例 11】

```
<!doctype html>
<html lang="en">
<head>
    <meta charset="UTF-8">
    <title>Document</title>
</head>
<body>
<!-- 单元格横跨两格 -->
<table border = "1">
    <tr>
    <th>Name</th>
    <th colspan = "2">Telephone</th>
    </tr>
    <tr>
    <td>Bill Gates</td>
    <td>555 77 854</td>
    <td>555 77 855</td>
    </tr>
</table>

</body>
</html>
```

运行结果如图 8-15 所示。

图 8-15 合并列操作

4. 完整表格

一个完整的表格一般包含<thead>、<tbody>和<tfoot>标签，用来规定表格的各个部分（表头、主体、页脚）。

- <thead>标签用于组合 HTML 表格的表头内容。
- <tbody>标签用于组合 HTML 表格的主体内容。
- <tfoot>标签用于组合 HTML 表格的页脚内容。

【案例 12】

```
<!doctype html>
<html lang="en">
<head>
    <meta charset="UTF-8">
    <title>Document</title>
</head>
<body>
<!-- 完整表格实例 -->
<table width = "500" border = "1" align = "center" cellpadding = "0" cellspacing = "0">
<thead>
    <tr align = "center">
    <td>姓名</td>
    <td>年龄</td>
    </tr>
</thead>
<tbody>
    <tr align = "center">
    <td>王五</td>
    <td>25</td>
    </tr>
</tbody>
<tfoot>
    <tr align = "center">
    <td colspan = "2">底部</td>
    </tr>
</tfoot>
</table>
</body>
</html>
```

运行结果如图 8-16 所示。

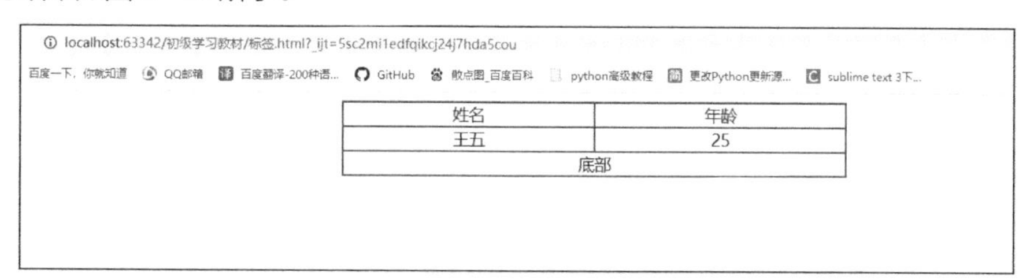

图 8-16　完整表格

8.1.4　表单标签（form）

在 HTML 中，<form>标签表示一个表单，表单是一个包含表单元素的区域，允许用户在表单中（文本域、下拉列表、单选框、复选框等）输入信息。

1. 表单常用属性

- name 属性：规定表单的名称。
- action 属性：规定当提交表单时，向何处发送表单数据。
- method 属性：规定如何发送表单数据（表单数据发送到 action 属性所规定的页面）,常见的请求方式有 post 和 get。

2. 表单标签

HTML 的表单标签：<input>、<textarea>、<button>、<select>。

（1）label 标签：根据不同的 id 属性，选中不同的输入框。可以省略。

- <label for=""></label>

（2）input 标签：根据不同的 type 属性，可以变化为多种状态输入方式。

- <input type = "text" />：定义单行输入字段供文本输入。
- <input type = "password" />：定义密码字段。
- <input type = "submit" />：定义提交表单数据至表单处理程序的按钮。
- <input type = "radio" />：定义单选按钮，checked：属性为选中状态，不管值为多少。
- <input type = "checkbox" />：定义复选框，checked：属性为选中状态，不管值为多少。
- <input type = "button" />：定义普通按钮。
- <input type = "reset" />：定义重置按钮。
- <input type = "file" />：定义文件框。

（3）textarea 标签：定义多行的文本输入控件。

- rows：规定文本区内的可见行数。
- cols：规定文本区内的可见宽度。

（4）button 标签：定义一个按钮，根据不同的 type 属性展示不同类型按钮。

- button：定义普通按钮。
- reset：定义重置按钮。
- submit：定义提交按钮。

（5）select 标签：定义可单选或多选下拉菜单，包含若干个可选项(<option>)。

- size：规定下拉列表中可见选项的数目。
- multiple：规定可选择多个选项。

3. 表单通用属性

表单的通用属性：name、value、readonly、disabled。

- name 属性：规定输入字段名称。
- value 属性：规定输入字段的初始值。
- readonly 属性：规定输入字段为只读。
- disabled 属性：规定输入字段是禁用的。

【案例 13】

```
<!doctype html>
<html lang="en">
<head>
    <meta charset="UTF-8">
    <title>Document</title>
</head>
<body>
<!--表单默认提交方式：get-->
<h1>用户中心设置</h1>
<form action="" method="get" style="border: 1px solid black">
<!--    点击文字“用户名”，可以直接选中输入框-->
    <label for="name">用户名：</label>
<!--    id 标识唯一个标签-->
<!--    placeholder：提示信息-->
    <input type="text" id="name" name="username" placeholder="请输入用户名">
    <br>
    <label for="pass">密 码：</label>
    <input type="password" id="pass" name="password" placeholder="请输入密码">
    <br>
    <label>性 别：</label>
    男<input type="radio" name="gender" value="gender">
    女<input type="radio" name="gender" value="gender">
    <br>
    <label>爱 好：</label>
    吃饭<input type="checkbox" name="hobby1" value="eat">
    睡觉<input type="checkbox" name="hobby2" value="sleep">
    游戏<input type="checkbox" name="hobby3" value="game">
    运动<input type="checkbox" name="hobby4" value="play">
    <br>
    <label>省 份：</label>
    <select name="company">
        <option value="bj">北京</option>
        <option value="sh">上海</option>
        <option value="gz">广州</option>
        <option value="sz">深圳</option>
    </select>
```

```
        <br>
        <label>上传头像：</label>
        <input type="file" name="header">
        <br>
        <label for="intro">个人介绍：</label>

        <textarea name="introduce" id="intro" cols="30" rows="10"></textarea>
        <br>
        <input type="button" value="按钮">
        <input type="reset" value="重置">
        <input type="submit" value="提交">
    </form>
    </body>
    </html>
```

运行结果如图 8-17 所示。

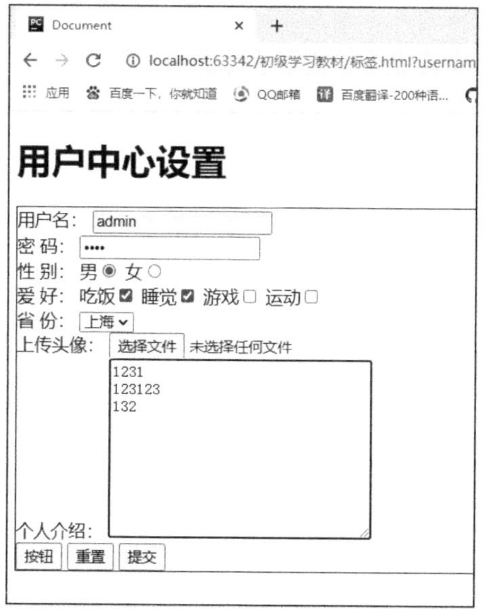

图 8-17　表单操作

8.2 CSS 属性

8.2.1 CSS 属性的基本用法

1. CSS 介绍

CSS（层叠样式表），又称串样式列表，其标准由 W3C 来定义和维护，是一种用来为结构化文档（如 HTML 文档或 XML 应用）添加样式（字体、间距和颜色等）的计算机语言。CSS 能够对网页中元素位置的排版进行像素级精确控制，支持绝大多数的字体、字号等样式，拥有对网页对象和模型样式编辑的能力。

2. 基本语法

CSS 语法由 3 部分组成：选择器、属性、属性值。

语法如下。

```
selector { property: value }
```

- selector：选择器。通常是您需要改变样式的 HTML 元素。每条声明由一个属性（property）和一个属性值（value）组成。
- width：宽度。
- height：高度。
- Background-color：背景色。
- style：放置 CSS 样式的地方。
- px：像素单位。

【案例 14】

```
<!doctype html>
<html lang="en">
<head>
    <meta charset="UTF-8">
    <title>Document</title>
    <style>
        div{
            width: 300px;
            height: 200px;
            background-color:burlywood ;
        }
    </style>
</head>
<body>
    <div></div>
</body>
</html>
```

运行结果如图 8-18 所示。

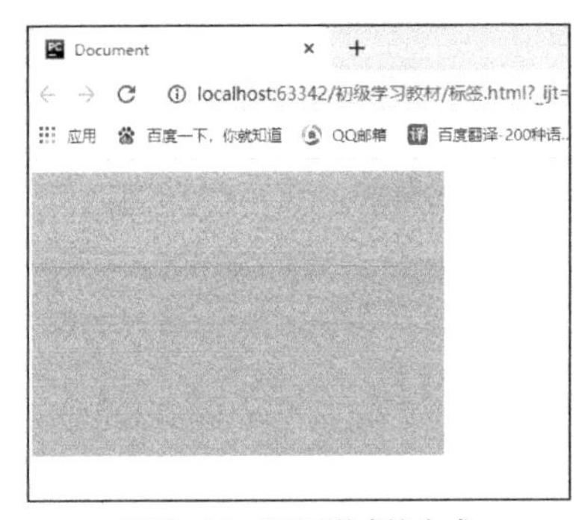

图 8-18 添加样式的方式

8.2.2 CSS 的引用方式

在 HTML 中，CSS 的引用方式有 3 种：内联样式、内部样式、外链样式。

（1）内联样式：将元素属性嵌入网页标签内部的样式。

【案例 15】

```
<!doctype html>
<html lang="en">
<head>
    <meta charset="UTF-8">
    <title>内联样式</title>
</head>
<body>
    <div style="width: 200px;height: 100px;background-color: paleturquoise"></div>
</body>
</html>
```

运行结果如图 8-19 所示。

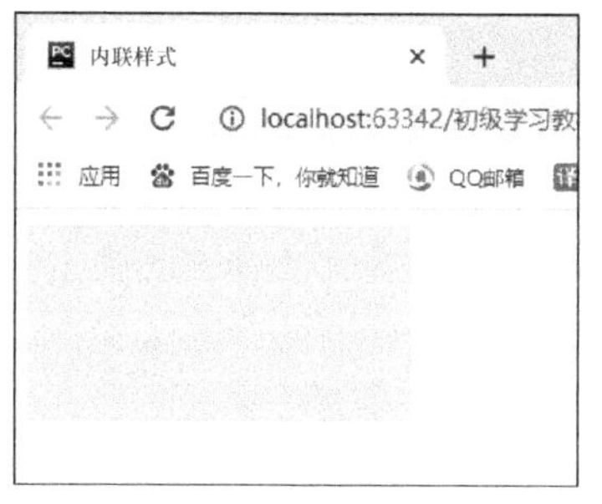

图 8-19 内联样式

（2）内部样式：在网页上创建嵌入的样式表。

【案例 16】

```
<!doctype html>
<html lang="en">
<head>
    <meta charset="UTF-8">
    <title>内部样式</title>
    <style>
        div{
            width: 200px;
            height: 100px;
            background-color: magenta;
        }
    </style>
</head>
<body>
    <div></div>
</body>
</html>
```

运行结果如图 8-20 所示。

图 8-20　内部样式

（3）外链样式：将网页链接到外部样式表。

【案例 17】

文件“外链样式.html”内容。

```
<!doctype html>
<html lang="en">
<head>
    <meta charset="UTF-8">
    <title>外链样式</title>
    <link rel="stylesheet" href="style.css">
</head>
<body>
    <div></div>
</body>
</html>
```

文件“style.css”内容。

```
div{
    width: 200px;
    height: 100px;
    background-color: gold;
}
```

编辑效果如图 8-21 所示。

```
初级学习教材  外链样式.html
Project
初级学习教材
  html
  python_best  library root
  12.jpg
  style.css
  外链样式.html
External Libraries
Scratches and Consoles
```

```
1  <!doctype html>
2  <html lang="en">
3  <head>
4      <meta charset="UTF-8">
5      <title>外链样式</title>
6      <link rel="stylesheet" href="style.css">
7  </head>
8  <body>
9  <div></div>
10 </body>
11 </html>
```

```
1  div{
2      width: 200px;
3      height: 100px;
4      background-color: gold;
5  }
```

图 8-21　外链样式编辑效果

运行结果如图 8-22 所示。

图 8-22　外链样式

8.2.3　CSS 选择器

1. CSS 选择器的种类

（1）通配符选择器：用“*”表示，匹配 HTML 中的所有元素。

【案例 18】

```
<!doctype html>
<html lang="en">
<head>
    <meta charset="UTF-8">
    <title>通配符选择器</title>
    <style>
        *{
            /*文字颜色*/
            color: deepskyblue;
        }
    </style>
</head>
<body>
    <div>div 标签</div>
    <hr>
    <p>p 标签</p>
</body>
</html>
```

运行结果如图 8-23 所示。

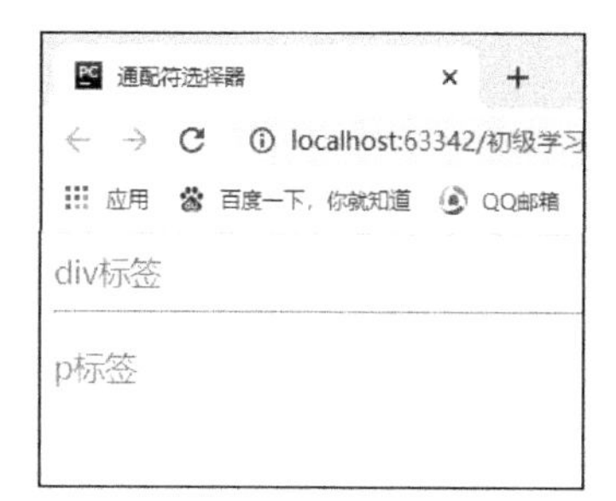

图 8-23　通配符选择器

（2）标签选择器：为 HTML 元素指定特定的样式。

【案例 19】

```
<!doctype html>
<html lang="en">
<head>
    <meta charset="UTF-8">
    <title>标签选择器</title>
    <style>
        div{
            /*文字颜色*/
            color: red;
        }
    </style>
</head>
<body>
    <div>div 标签</div>
    <hr>
    <p>p 标签</p>
    <hr>
    <div>div 标签</div>
</body>
</html>
```

运行结果如图 8-24 所示。

图 8-24　标签选择器

（3）类选择器：可以为标有特定 class 的 HTML 元素指定特定的样式。类选择器用“.”来定义。

【案例 20】

```
<!doctype html>
<html lang="en">
<head>
    <meta charset="UTF-8">
    <title>类选择器</title>
    <style>
        .evn{
```

```
                /*文字颜色*/
                color: red;
            }
        </style>
</head>
<body>
        <div>div 标签</div>
        <hr>
        <p>p 标签</p>
        <hr>
        <div class="evn">div 标签</div>
</body>
</html>
```

运行结果如图 8-25 所示。

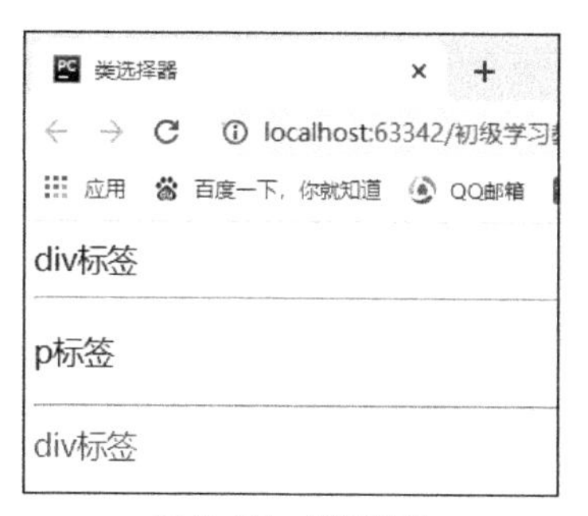

图 8-25　类选择器

（4）id 选择器：可以为标有特定 id 的 HTML 元素指定特定的样式。id 选择器用“#”来定义。

【案例 21】

```
<!doctype html>
<html lang="en">
<head>
        <meta charset="UTF-8">
        <title>id 选择器</title>
        <style>
            #evn{
                /*文字颜色*/
                color: red;
            }
        </style>
</head>
<body>
        <div>div 标签</div>
        <hr>
        <p>p 标签</p>
        <hr>
        <div id="evn">div 标签</div>
        <p>p 标签</p>
```

```
</body>
</html>
```

运行结果如图 8-26 所示。

图 8-26　id 选择器

（5）派生类选择器：允许您根据文档的上下文关系来确定某个标签的样式。

【案例 22】

```
<head>
        <meta charset="UTF-8">
        <title>id 选择器</title>
        <style>
              /*写法 1 指定 div 标签下的所有 p 标签颜色为红色 */
              /*div p{*/
              /*      !*文字颜色*!*/
              /*      color: red;*/
              /*}*/
              /*写法 2 指定 div 标签下的所有 p 标签颜色为红色 */
              div > p{
                    /*文字颜色*/
                    color: red;
              }
        </style>
</head>
<body>
        <div>
              <p>段落 1</p>
              <p>段落 1</p>
      </div>

</body>
</html>
```

运行结果如图 8-27 所示。

图 8-27　派生类选择器

（6）分组选择器：对选择器进行分组，这样，被分组的选择器就可以分享相同的声明。用逗号将需要分组的选择器分开。

【案例 23】

```
<!doctype html>
<html lang="en">
<head>
	<meta charset="UTF-8">
	<title>分组选择器
</title>
	<style>
		p,li{
			color: magenta;
		}

	</style>
</head>
<body>
	<div>
		<p>段落 1</p>
		<p>段落 2</p>
		<div> div 段落</div>
		<ul>
			<li>无序列表 1</li>
			<li>无序列表 2</li>
		</ul>
	</div>

</body>
</html>
```

运行结果如图 8-28 所示。

图 8-28　分组选择器

2. CSS 选择器的优先级

① 多重样式：如果外链样式、内部样式和内联样式同时应用于同一个元素，就是使用多重样式的情况，一般情况下，优先级为：外链样式<内部样式<内联样式。

② 优先权值：如果把特殊性分为 4 个等级，每个等级代表一类选择器，每个等级的值为其所代表的选择器的个数乘以这一等级的权值，最后把所有等级的值相加得出选择器的特殊值，如图 8-29 所示。

- 内联样式的权值最高为 1000。
- id 选择器的权值为 100。
- 类选择器的权值为 10。
- 标签选择器的权值为 1。

③ CSS 优先级法则如下。

- 选择器都有一个权值，权值越大优先级越高。
- 当权值相等时，后出现的样式表设置要优于先出现的样式表设置。

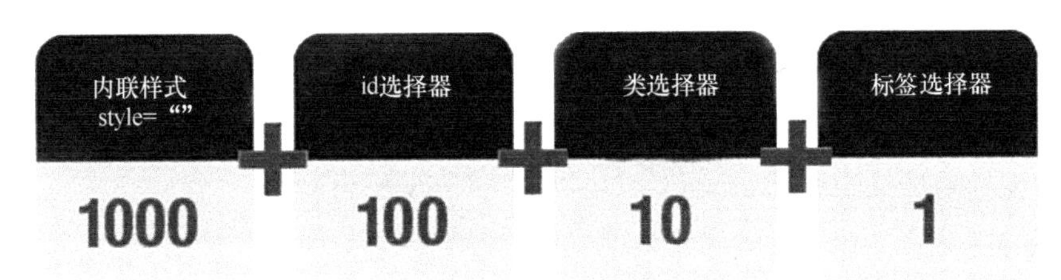

图 8-29 优先权值

- 创作者的规则高于浏览者：网页编写者设置的 CSS 样式的优先级高于浏览器所设置的样式。
- 继承的 CSS 样式优先级低于后来指定的 CSS 样式。
- 在同一组属性设置中标有“!important”规则的优先级最大。

【案例 24】

```
<!doctype html>
<html lang="en">
<head>
    <meta charset="UTF-8">
    <title>选择器权重</title>
    <style>
        #ps{
            color: deepskyblue;
        }
        .cla{
            color: gold;
        }
        p{
            color: magenta !important;
        }
    </style>
</head>
```

```
<body>
    <div>
        <p>段落 1</p>
        <p class="cla">段落 2</p>
        <p id="cla" id="ps">段落 3</p>
    </div>
</body>
</html>
```

运行结果如图 8-30 所示。

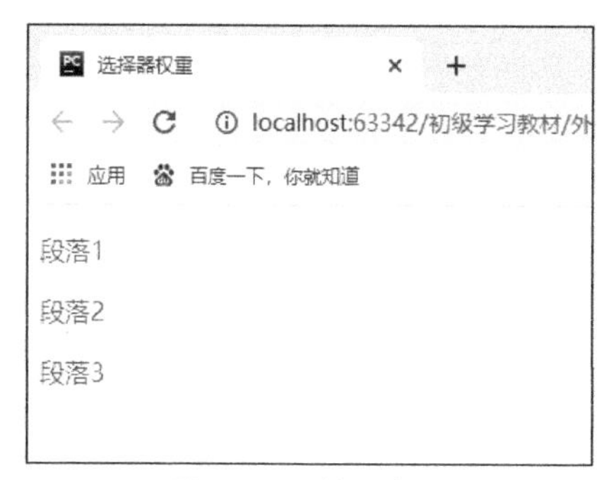

图 8-30　选择器权重

8.2.4　CSS 基本属性

1. CSS 字体

（1）font-size：设置文本大小。

① 属性值

- {number+px}：固定值尺寸像素。
- {number+%}：其百分比取值是基于父对象中字体的尺寸大小。

② 示例

```
p { font-size: 20px; }
p { font-size: 100%; }
```

（2）font-family：设置文本字体。

① 属性值

- name：字体名称，按优先顺序排列，以逗号隔开。如果字体名称包含空格，则应使用引号括起。

② 示例

```
p { font-family: Courier, "Courier New", monospace; }
```

（3）font-style：设置文本字体的样式。

① 属性值

- normal：默认值，默认的字体。
- italic：斜体，对于没有斜体变量的特殊字体，将应用 oblique。

- oblique：倾斜的字体。

③ 示例

```
p { font-style: normal; }
p { font-style: italic; }
p { font-style: oblique; }
```

（4）font-weight：设置文本字体的粗细。

① 属性值

- normal：默认值，默认的字体。
- bold：粗体。
- bolder：比 bold 粗。
- lighter：比 normal 细。
- {100-900}：定义由粗到细的字符。400 等同于 normal，而 700 等同于 bold。

② 示例

```
p { font-weight: normal; }
p { font-weight: bold; }
p { font-weight: 600; }
```

（5）color：设置文本字体的颜色。

① 属性值

- name：指定颜色名称。
- rgb：指定颜色。
- {颜色十六进制}：指定颜色为十六进制。

② 示例

```
p { color: red; }
p { color: rgb(100,14,200); }
p { color: #345678; }
```

（6）line-height：设置文本字体的行高。即字体最底端与字体内部顶端之间的距离。

① 属性值

- normal：默认值，默认行高。
- {number+px}：指定行高为长度像素。
- {number}：指定行高为字体大小的倍数。

② 示例

```
p { line-height: normal; }
p { line-height: 24px; }
p { line-height: 1.5; }
```

（7）Ptext-decoration：设置文本字体的修饰。

① 属性值

- normal：默认值，无修饰。
- underline：下画线。

- line-through：贯穿线。
- Overline：上画线。

② 示例

```
p { text-decoration: underline; }
p { text-decoration: line-through; }
p { text-decoration: overline; }
```

（8）text-align：设置文本字体的对齐方式。

① 属性值

- left：默认值，左对齐。
- center：居中对齐。
- Right：右对齐。

② 示例

```
p { text-align: left; }
p { text-align: center; }
p { text-align: right; }
```

（9）text-transform：设置文本字体的大小写。

① 属性值

- none：默认值（无转换发生）。
- capitalize：将每个单词的第一个字母转换成大写。
- uppercase：转换成大写。
- lowercase：转换成小写。

② 示例

```
p { text-transform: capitalize; }
p { text-transform: uppercase; }
p { text-transform: lowercase; }
```

（10）text-indent：设置文本字体的首行缩进。

① 属性值

- {number+px}：首行缩进 number 个像素。
- {number+em}：首行缩进 number 个字符。

② 示例

```
p { text-indent: 24px; }
p { text-indent: 2em; }
```

2. CSS 背景

（1）background-color：设置对象的背景颜色。

① 属性值

- transparent：默认值（背景色透明）。

- {color}：指定颜色。

② 示例

```
div { background-color: #666666; }
div { background-color: red; }
```

（2）background-image：设置对象的背景图像。

① 属性值

- none：默认值（无背景图）。
- url({url})：使用绝对或相对 url 地址指定背景图像。

② 示例

```
div { background-image: none; }
div { background-image: url('../images/pic.png') }
```

（3）background-repeat：设置对象的背景图像铺排方式。

① 属性值

- repeat：默认值（背景图像在纵向和横向平铺）。
- no-repeat：背景图像不平铺。
- repeat-x：背景图像仅在横向平铺。
- repeat-y：背景图像仅在纵向平铺。

② 示例

```
div {background-image: url('../images/pic.png'); background-repeat: repeat-y;}
```

（4）background-position：设置对象的背景图像位置。

① 属性值

- {x-number | top | center | bottom } {y-number | left | center | right }：控制背景图片的位置：x 轴、y 轴。其铺排方式为 no-repeat。

② 示例

```
div {
  background-image: url('../images/pic.png');
  background-repeat: no-repeat;
  background-position: 50px 50px;
}
```

（5）background-attachment：设置对象的背景图像滚动位置。

① 属性值

- scroll：默认值。背景图像会随着页面其余部分的滚动而移动。
- fixed：当页面的其余部分滚动时，背景图像不会移动。

② 示例

```
body {
  background-image: url('../images/pic.png');
  background-repeat: no-repeat;
```

```
    background-attachment: fixed;
}
```

（6）background 简写属性：在一个声明中设置所有的背景属性。

① 属性值

```
background: color image repeat attachment position
```

② 示例

```
body { background: #fff url('../images/pic.png') no-repeat fixed center center }
```

【案例 25】

```
<!doctype html>
<html lang="en">
<head>
    <meta charset="UTF-8">
    <title>文字属性</title>
    <style>
        div{
            width: 100%;
            height: 300px;
            text-align: center;
        }
        p{
            line-height: 30px;
            text-transform: capitalize;
        }
        .sp1{
            font-size: 24px;
            font-family: 华文楷体;
            font-weight: bolder;
        }
        .sp2{
            font-style: italic;
            font-weight: bold;
        }
        .sp3{
            color: red;
            font-weight: bolder;
            text-decoration: underline;
            text-indent: 24px;
        }
    </style>
</head>
<body>
    <div>
        <p>
            <span class="sp1">python</span>语言的简洁性、<br>
            <span class="sp2">易读性</span>以及<span class="sp2">可扩展性</span>，<br>
```

```
            在国外用 Python 做科学计算的研究机构日益增多，<br>
            一些知名大学已经采用 Python 来教授程序设计课程。<br>
            例如<span class="sp3">卡耐基梅隆大学</span>的编程基础、<br>
            <span class="sp3">麻省理工学院</span>的计算机科学及编程导论就使用 Python 语言讲授。
        </p>
        <div style="background-image: url('c.png')">

        </div>
    </div>
</body>
</html>
```

运行结果如图 8-31 所示。

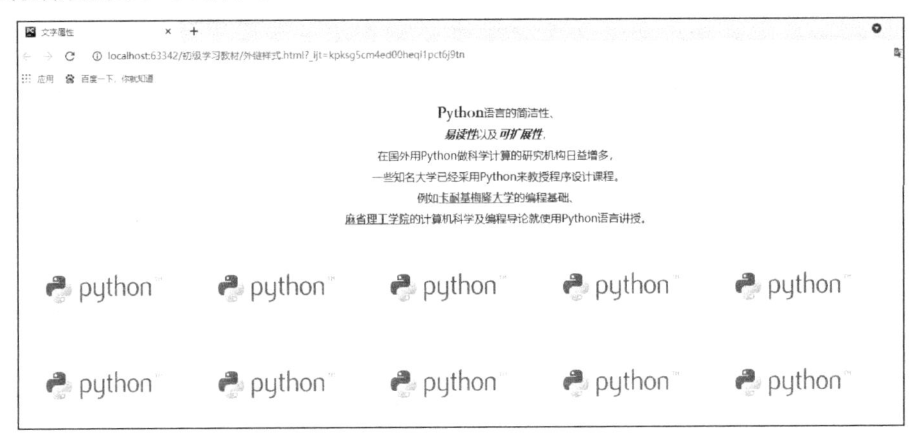

图 8-31　文本属性操作

8.2.5　CSS 盒子模型

CSS 盒子模型：规定了元素框处理外边距（margin）、内边距（padding）、边框（border）和内容（content）的方式，如图 8-32 所示。

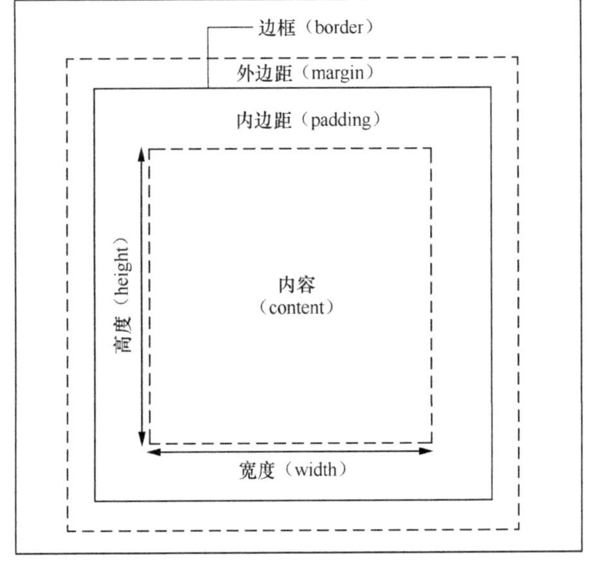

图 8-32　CSS 盒子模型

1. 外边距（margin）

外边距（margin）就是围绕在元素边框的空白区域。设置外边距会在元素外创建额外的“空白”，设置外边距的最简单的方法就是使用 margin 属性，这个属性接受任何长度单位、百分数值，甚至负值，如图 8-33 所示。

（1）属性。

- margin-top：设置上方外边距。
- margin-left：设置左方外边距。

- margin-right：设置右方外边距。
- margin-bottom：设置下方外边距。

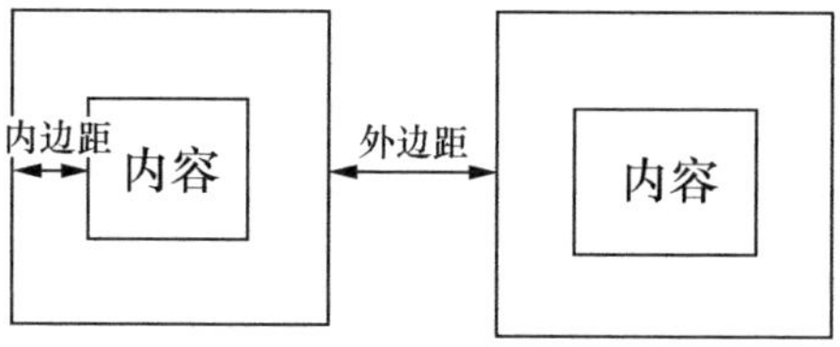

图 8-33　外边距

（2）margin 外边距简写。

- {a}：1 个值的时候，即上、下、左、右外边距都为 a 值。
- {a b}：2 个值的时候，即上、下外边距为 a 值，左、右外边距为 b 值。
- {a b c}：3 个值的时候，即上外边距为 a 值，左、右外边距为 b 值，下外边距为 c 值。
- {a b c d}：4 个值时候，即上外边距为 a 值，右外边距为 b 值，下外边距为 c 值，左外边距为 d 值（口诀：顺时针，上右下左）。

【案例 26】

```
<!doctype html>
<html lang="en">
<head>
  <meta charset="UTF-8">
  <title>外边距</title>
  <style>
    .div1 {
      width: 300px;
      height: 300px;
      background-color: papayawhip;
      margin-top: 40px;
    }

    .div2 {
      width: 200px;
      height: 100px;
      background-color: blueviolet;
      margin-left: 50px;
    }
  </style>
</head>
<body>
<div class="div1">
  <div class="div2"></div>
</div>
</body>
</html>
```

运行结果如图 8-34 所示。

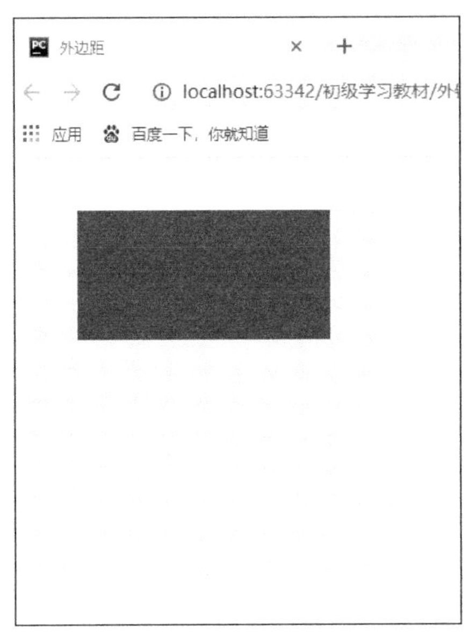

图 8-34　外边距结果

2. 内边距（padding）

内边距（padding）：在边框和内容区之间设置内边距的最简单的方法就是使用 padding 属性，这个属性接受任何长度单位、百分数值，如图 8-35 所示。

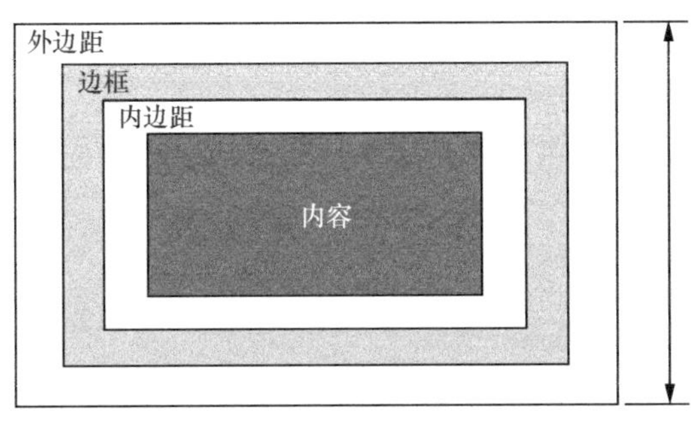

图 8-35　内边距

（1）属性。

- padding-top：设置上方内边距。
- padding-left：设置左方内边距。
- padding-right：设置右方内边距。
- padding-bottom：设置下方内边距。

（2）padding 内边距简写。

- {a}：1 个值的时候，即上、下、左、右内边距都为 a 值。
- {a b}：2 个值的时候，即上、下内边距为 a 值，左、右内边距为 b 值。
- {a b c}：3 个值的时候，即上内边距为 a 值，左、右内边距为 b 值，下内边距为 c 值。
- {a b c d}：4 个值时候，即上内边距为 a 值，右内边距为 b 值，下内边距为 c 值，左内边距为 d 值（口诀：顺时针，上右下左）。

【案例 27】

```
<!doctype html>
<html lang="en">
<head>
  <meta charset="UTF-8">
  <title>内边距</title>
  <style>
    .div1 {
      width: 300px;
      height: 300px;
      background-color: papayawhip;
      margin-top: 40px;
      padding-top: 10px;
    }

    .div2 {
      width: 200px;
      height: 100px;
      background-color: blueviolet;
      margin-left: 50px;
      padding-top: 50px;
    }
  </style>
</head>
<body>
<div class="div1">
  <div class="div2"></div>
</div>
</body>
</html>
```

运行结果如图 8-36 所示。

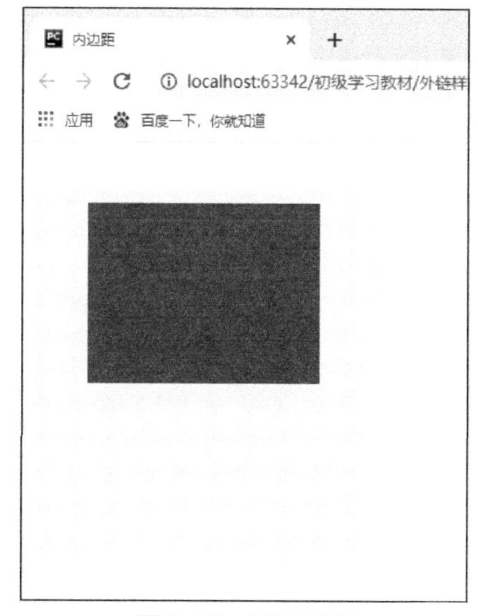

图 8-36　内边距结果

3. 边框（border）

边框（border）：围绕内容和内边距的一条或多条线，设置边框的最简单的方法就是使用 border 属性，通过该属性可以设置边框的样式、宽度和颜色。

（1）属性。

① border-width：设置边框的宽度。

② border-style：设置边框的样式。

- none：默认值，无边框。
- solid：定义实线边框。
- double：定义双实线边框。
- dotted：定义点状线边框。
- dashed：定义虚线边框。

③ border-color：设置边框的颜色。

（2）border 边框的简写。

{width style color}：定义宽度为 width、样式为 style、颜色为 color 的边框。

【案例 28】

```
<!doctype html>
<html lang="en">
<head>
   <meta charset="UTF-8">
   <title>边框</title>
   <style>
      .div1 {
         width: 300px;
         height: 300px;
         background-color: papayawhip;
         margin-top: 40px;
         padding-top: 10px;
         border-left: 4px solid red;
      }

      .div2 {
         width: 200px;
         height: 100px;
         background-color: blueviolet;
         margin-left: 50px;
         padding-top: 50px;
         border: 10px solid black;
      }
   </style>
</head>
<body>
<div class="div1">
   <div class="div2"></div>
</div>
</body>
</html>
```

运行结果如图 8-37 所示。

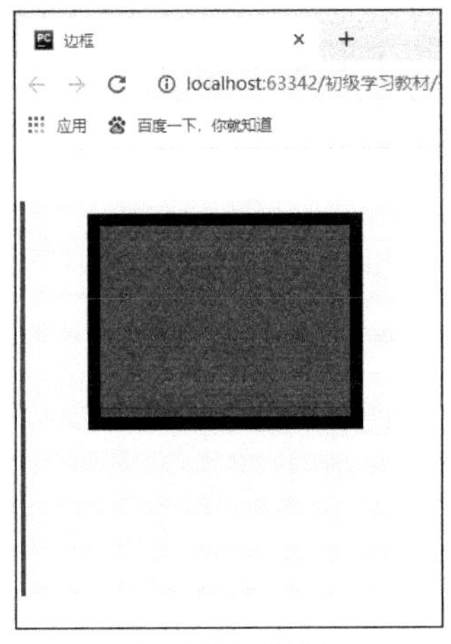

图 8-37　边框

4. display 属性

display 属性：设置元素的显示方式。

属性值如下。

- inline：默认值。此元素会被显示为内联元素，元素前后没有换行符，内联元素所占据的空间就是它的标签所定义的大小（不能设置 width 和 height）。
- inline-block：设置元素为行内块状元素，所有的块级元素开始于新的一行，延展到其容器的宽度（能设置 width 和 height）。
- none：设置元素不显示、不占空间，元素与其子元素从普通文档流中移除。这时文档的渲染就像元素从来没有存在过一样，也就是说它所占据的空间被折叠了。
- block：设置元素为块状元素（可设置 width 和 height）。
- table：设置元素为块状表格元素。
- inline-table：设置元素为内联表格元素。

【案例 29】

```
<!doctype html>
<html lang="en">
<head>
   <meta charset="UTF-8">
   <title>显示隐藏</title>
   <style>
      .div1 {
         width: 300px;
         height: 300px;
         background-color: papayawhip;
         margin-top: 40px;
         padding-top: 10px;
         border-left: 4px solid red;

      }

      .div2 {
         width: 200px;
         height: 100px;
         background-color: blueviolet;
         margin-left: 50px;
         padding-top: 50px;
         border: 10px solid black;
         display: none;
      }
   </style>
</head>
<body>
<div class="div1">
   <div class="div2"></div>
</div>
```

```
</body>
</html>
```

运行结果如图 8-38 所示。

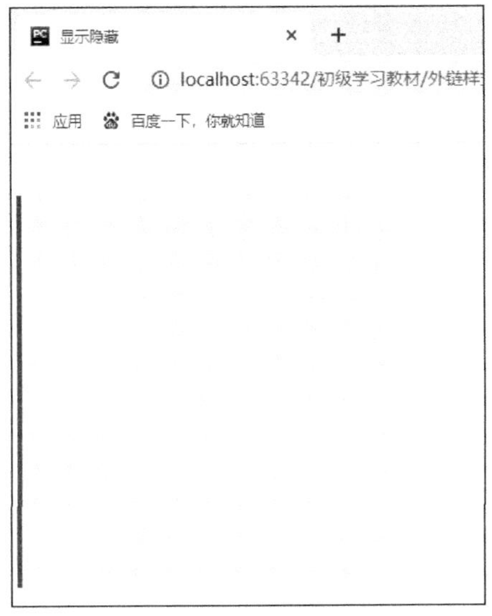

图 8-38　隐藏结果

8.3 项目实训——Web 查询静态界面

1. 实验需求

使用 HTML 标签和 CSS 样式设计登录界面。

2. 实验步骤

（1）设计网页外框大小。
（2）设计网站 logo。
（3）设计成绩查询文字。
（4）设计仅限 2021 年查询文字。
（5）设计关于准考证号、姓名和验证码的表单（form）。
（6）设计查询、重置和返回按钮。

3. 代码实现

```
<!DOCTYPE html>
<html lang = "en">
<head>
    <meta charset = "UTF-8">
    <title>1+X 成绩查询</title>
    <style>
```

```
/*<!-- 最外围边框          -->*/
    .contents{
        width: 600px;
        height: 400px;
        margin: 100px auto;
        border: 2px solid rgb(217,217,217);
        padding: 2px;
    }
    /*设计 log*/
    .contents-top{
        border-bottom: 2px solid rgb(130,174,202) ;
    }
    .contents-top img{
        margin: 20px 0 10px 20px;
        width: 30%;
    }
    .contents-txt{
        text-align: center;
        padding-top: 40px;
    }
    .contents-txt h4{
        color: rgb(131,145,171);
        font-weight: normal;
        text-shadow: 2px 2px 2px rgb(158,222,232);
    }
    .contents-txt p{
        font-weight: normal;
        margin-top: -10px;
        font-size: 12px;
    }
    .forms{
        margin-top: 20px;
    }
    .forms label{
        font-size: 14px;
    }
    .form-div{
        display: inline-block;
        vertical-align: -22px;
        text-align: left;
    }
    .form-div input{
        border: 1px solid rgb(193,193,193);
        border-radius: 4px;
        height: 20px;
        width: 230px;
    }
    .form-div p{
```

```
                margin-top: 2px;
                font-size: 12px;
                color: rgb(193,193,193) ;
            }
            .codes{
                margin-right: 150px;
                vertical-align: 0px;
            }
            .codes input{
                width: 70px;
            }
            .form-sub{
                margin-top: 26px;
            }
            .form-sub input{
                color: white;
                font-size: 12px;
                background: rgb(46,131,202);
                border: 0;
                border-radius: 2px;
                width: 60px;
            }
        </style>
</head>
<body>
<!-- 具体网页内容编写-->
        <div class = "contents">
            <div class = "contents-top">
                <img src = "./logo.jpg" alt = "zh_logo">
            </div>
            <div class = "contents-txt">
                <h4>1+X Python 程序开发职业技能等级证书考试成绩查询</h4>
                <p>仅限查询 2021 年考试成绩</p>
                <form action = "" class = "forms">
                    <label for = "card_id">准考证号：</label>
                    <div class = "form-div">
                        <input type = "text" id = "card_id">
                        <p>请输入 15 位笔试或口试准考证号</p>
                    </div>
                    <br>
                    <label for = "card_id">     姓 名：</label>
                    <div class = "form-div">
                        <input type = "text" id = "username">
                        <p>姓名操作三个字，可只输入 3 个</p>
                    </div>
                    <br>
                    <label for = "code_id">验证码：</label>
                    <div class = "form-div codes">
```

```
                    <input type = "text" id = "code_id">
                </div>
                <div class = "form-sub">
                    <input type = "submit" value = "查询">
                    <input type = "reset" value = "重置">
                    <input type = "button" value = "返回">
                </div>
            </form>
        </div>
    </div>
</body>
</html>
```

运行结果如图 8-39 所示。

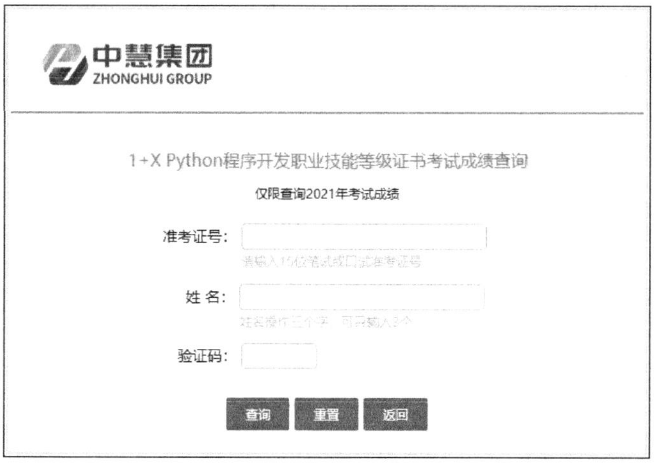

图 8-39　成绩查询运行结果

4. 代码分析

本项目重点介绍使用 HTML 标签和 CSS 属性构建静态界面的方法，用到表单（from）的结构标签。

8.4 本章小结

本章我们学习了 HTML 的常见标签和属性，以及使用 CSS 基本属性对 HTML 页面进行美化的流程，在实际项目中，我们可以根据页面设计的需求来选择使用不同的标签、属性来完成静态网页的展示。

8.5 本章习题

一、单选题

1. 关于 HTML5 说法正确的是（　　）。

A. HTML5 只是对 HTML4 的一个简单升级

B. 所有常用的浏览器都支持 HTML5

C. HTML5 新增了离线缓存机制

D. HTML5 主要针对移动端进行优化

2. 分析下面的 HTML 代码段，该页面在浏览器中的显示效果为（　　）。

```
<HTML><body>
    <marquee scrolldelay="200" direction="right">Welcome!</marquee>
</body></HTML>
```

A. 从左向右滚动显示“Welcome!”

B. 从右向左滚动显示“Welcome!”

C. 从上向下滚动显示“Welcome!”

D. 从下向上滚动显示“Welcome!”

二、编程题

创建一个 div，宽度为 800 像素，高度为 600 像素，添加一张你喜欢的背景图片。div 内添加文本“hello”，文本颜色为红色，大小为 50 像素。文本显示在正中间。

第 9 章 JavaScript编程基础

内容导学

JavaScript 最初由 Netscape 公司的 Brendan Eich 设计，最初将其脚本语言命名为 LiveScript，后来 Netscape 公司在与 Sun 公司合作之后将其改名为 JavaScript。JavaScript 是受 Java 启发而开始设计的，目的之一就是“看上去像 Java”，因此，JavaScript 语法上与 Java 有类似之处，一些名称和命名规范也借自 Java 语言，但 JavaScript 的主要设计原则源自 Self 和 Scheme。JavaScript 与 Java 名称上的近似，是当时 Netscape 为了营销考虑与 Sun 公司达成协议的结果。微软同时期也推出了 JScript 来迎战 JavaScript 这一脚本语言。本章介绍了一些关于 JavaScript 语法的操作，为读者学习后面章节打下基础。

学习目标

① 掌握 JavaScript 导入方式。
② 掌握 JavaScript 基本操作语法。
③ 掌握 JavaScript 对象和数组操作方法。
④ 掌握 JavaScript 元素操作方法。

9.1 JavaScript 概述

9.1.1 什么是 JavaScript

JavaScript 是一种面向对象的、解释型的程序设计语言。更具体一点，它是基于对象和事件驱动并具有相对安全性的客户端脚本语言。因为它不需要在一个语言环境下运行，而只需要在支持它的浏览器下运行即可。它设计的主要目的是，验证发往服务器端的数据、增加 Web 互动、提升用户体验等。

9.1.2 JavaScript 特点

1. 松散性

JavaScript 语言与 C、C++、Java 相似，比如条件语句、循环语句，以及运算符等。但它却是一种松散类型的语言，也就是说，它的变量不必具有一个明确的类型。

2. 继承机制

JavaScript 中的面向对象继承机制是基于原型的，这和另外一种不太为人所知的 Self 语言很像，但却和 C++、Java 语言中的继承大不相同。

9.1.3 JavaScript 核心

一个完整的 JavaScript 应该由核心（ECMAScript）、文档对象模型（Document Object Model，DOM）和浏览器对象模型（Browser Object Model，BOM）3 个不同的部分组成。

1. ECMAScript 介绍

ECMAScript 是一种由欧洲计算机制造商协会（European Computer Manufacturers Association，ECMA）国际通过 ECMA-262 标准化的脚本程序设计语言。这种语言在万维网上应用广泛，它往往被称为 JavaScript 或 JScript，但实际上后两者是 ECMA-262 标准的实现和扩展。

2. DOM 介绍

DOM 是针对 XML 但经过扩展用于 HTML 的应用程序编程接口（Application Programming Interface，API）。DOM 有 3 个级别，每个级别都会新增很多内容模块和标准（有兴趣可以搜索查询）。

3. BOM 介绍

访问和操作浏览器窗口的 BOM。开发人员使用 BOM 可以控制浏览器显示页面以外的部分。而 BOM 真正与众不同的地方（也是经常会导致问题的地方），是它作为 JavaScript 实现的一部分，至今仍没有相关的标准。

9.2 使用 JavaScript

9.2.1 <script>标签解析

<script></script>这组标签，是在 HTML 页面中插入 JS 的主要方法。它主要有以下几个属性。

（1）type：必须。表示代码使用的脚本语言的内容类型。例如 type="text/javascript"。

（2）charset：可选。表示通过 src 属性指定的字符集。

（3）defer：可选。表示代码可以等到文档完全被解析和显示之后再执行。

（4）src：可选。表示包含要执行代码的外部文件。

（5）async：可选。规定异步执行代码（仅适用于外部代码）。

【案例 1】

```
<!DOCTYPE html>
<html lang="en">
<head>
  <meta charset="UTF-8">
```

```
    <title>Title</title>
  </head>
  <body>

  </body>
  <script type="text/javascript" charset="UTF-8"></script>
  </html>
```

9.2.2 JavaScript 代码嵌入的一些问题

如果你想弹出一个</script>标签的字符串，那么浏览器会误解成 JavaScript 代码已经结束了。解决的方法，就是把字符串分成两个部分，通过连接符“+”来连接。

【案例 2】

```
<!DOCTYPE html>
<html lang="en">
<head>
  <meta charset="UTF-8">
  <title>Title</title>
</head>
<body>
</body>
<script type="text/javascript">
// alert 浏览器弹框函数
  alert('</scr'+'ipt>')
</script>
</html>
```

运行结果如图 9-1 所示。

图 9-1　JavaScript 代码的嵌入

9.2.3 通过 src 引入.js 文件

一般来说，JavaScript 代码越来越庞大的时候，最好把它另存为一个.js 文件，通过 src 引入即可。JavaScript 代码还具有维护性高、可缓存（加载一次，无须加载）、方便未来扩展的特点。

注意　带有 src 属性的 script 元素不应该在其标签之间再包含额外的 JavaScript 代码，因为它会被忽略。

【案例 3】

Script.html 代码如下。

```
<!DOCTYPE html>
<html lang="en">
<head>
  <meta charset="UTF-8">
  <title>Title</title>
</head>
<body>

</body>
<script src="js/style.js"></script>
</html>
```

Style.js 代码如下。

```
alert('</scr'+'ipt>通过外链导入 js');
```

文件关系如图 9-2 所示。

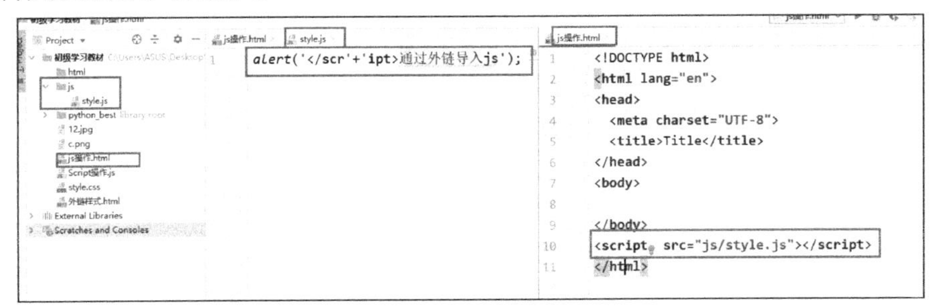

图 9-2　文件关系

运行结果如图 9-3 所示。

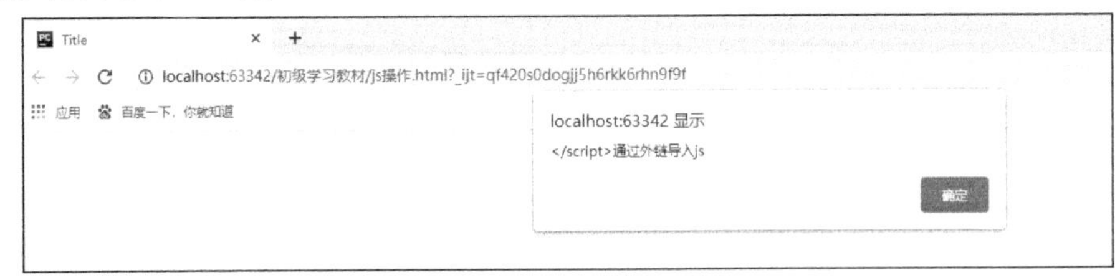

图 9-3　外链导入结果

9.3 语法、关键保留字及变量

9.3.1　语法

1. 区分大小写

ECMAScript 中的一切，包括变量、函数名和操作符都是区分大小写的。例如，book 和

Book 表示两种不同的变量。

2. 标识符

所谓标识符，就是指变量、函数、属性的名字，或者函数的参数。标识符可以是下列格式规则组合起来的一个或多个字符。

（1）第一字符必须是一个字母、下画线（_）或一个美元符号（$）。

（2）其他字符可以是字母、下画线、美元符号或数字。

（3）不能把关键字、保留字、true、false 和 null 作为标识符。

3. 注释

ECMAScript 使用 C 语言风格的注释，包括单行注释和多行注释。

（1）//：单行注释，快捷键是<ctrl+/>。

（2）/*…*/：多行注释。

4. 关键字

ECMAScript-262 描述了一组具有特定用途的关键字，一般用于控制语句的开始或结束，或者用于执行特定的操作等。关键字也是语言保留的，不能用作标识符。常见的关键字如下。

break、else、new、var、case、finally、return、void、catch、for、switch、while、continue、function、this、with、default、if、throw、delete、in、try、do、instanceof、typeof 等。

5. 保留字

ECMAScript-262 还描述了另一组不能用作标识符的保留字。尽管保留字在 JavaScript 中还没有特定的用途，但它们很有可能在将来被用作关键字。常见的保留字如下。

abstract、enum、int、short、boolean、export、interface、static、byte、extends、long、super、char、final、native、synchronized、class、float、package、throws、const、goto、private、transient、debugger、implements、protected、volatile、double、import、public 等。

6. 变量

ECMAScript 的变量是松散类型的，所谓松散类型就是可以用来保存任何类型的数据。定义变量时要使用 var 操作符（var 是关键字），后面跟一个变量名（变量名是标识符）。

【案例 4】

```
<!DOCTYPE html>
<html lang="en">
<head>
  <meta charset="UTF-8">
  <title>Title</title>
</head>
<body>
</body>
<script>
  // 定义一个空变量，需要使用 var 操作符
```

```
    var a;
    // console.log()是浏览器输入函数
    console.log(a);
    /* 修改变量的值，变量已定义，
    不需要再用 var
    */
    a = '中慧';
    console.log(a);
    // 定义一个有值的变量
    var b = "云启科技";
    console.log(b)
  </script>
  </html>
```

运行结果如图 9-4 所示。

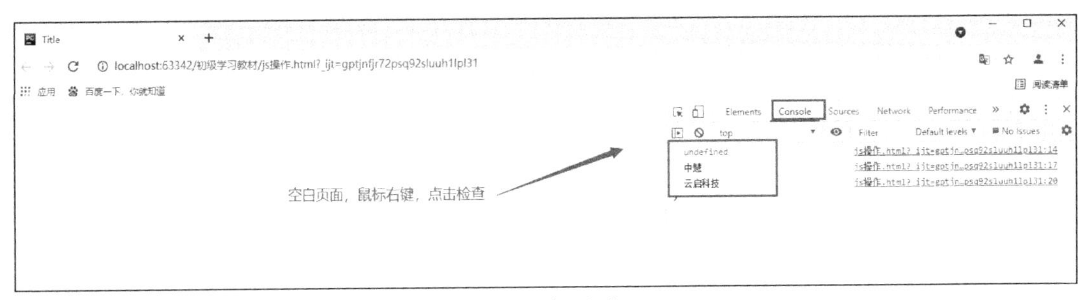

图 9-4　变量操作

9.3.2　数据类型

ECMAScript 中有 5 种简单数据类型：undefined、boolean、string、number，以及一种复杂数据类型——object。ECMAScript 不支持创建自定义类型的机制，所有值都成为以上 5 种数据类型之一，如表 9-1 所示。

表 9-1　数据类型及描述

字符串	描述
undefined	未定义
boolean	布尔值
string	字符串
number	数值
object	对象或 null

typeof 操作符是用来检测变量的数据类型的。

【案例 5】

```
<!DOCTYPE html>
<html lang="en">
<head>
```

```
    <meta charset="UTF-8">
    <title>Title</title>
</head>
<body>
</body>
<script>
    var a = 1;
    var b = 1.1;
    var c = "中慧";
    var d ;
    var e = true;
    var f = false;
    var g = {};
console.log("a=:",typeof (a));
console.log("b=:",typeof (b));
console.log("c=:",typeof (c));
console.log("d=:",typeof (d));
console.log("e=:",typeof (e));
console.log("f=:",typeof (f));
console.log("g=:",typeof (g));
</script>
</html>
```

运行结果如图 9-5 所示。

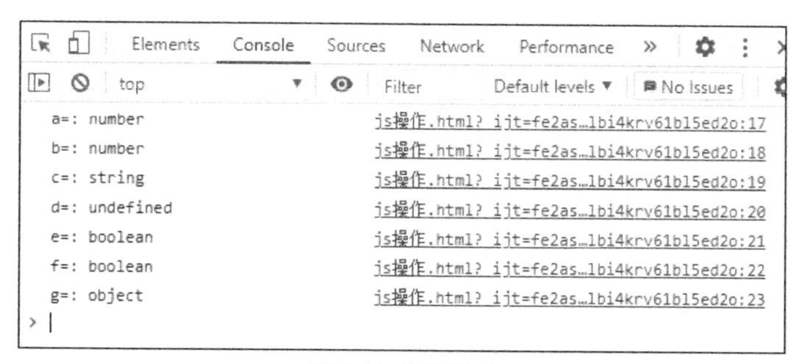

图 9-5　数据类型

9.3.3　运算符

ECMA-262 描述了一组用于操作数值的运算符，包括一元运算符、算术运算符、关系运算符、逻辑运算符、三元运算符等。ECMAScript 中的运算符适用于很多值，包括字符串、数值、布尔值等。

1. 一元运算符

只能操作一个值的运算符叫作一元运算符。例如，递增“++”和递减“--”。

【案例 6】

```
<!DOCTYPE html>
```

```
<html lang="en">
<head>
  <meta charset="UTF-8">
  <title>Title</title>
</head>
<body>
</body>
<script>
  var a = 1;
  var b = 10;
  var c = 5;
  a++;
  console.log(a); // 2
  ++a;
  console.log(a); // 3
  b--;
  console.log(b); // 9
  --b;
  console.log(b); // 8
  var age = ++c;
 var height = c++;
 console.log(age); // 6
 console.log(height); // 6
</script>
</html>
```

注意 **如果没有赋值操作，前置和后置是一样的。但在赋值操作时，如果递增或递减运算符前置，那么前置的运算符会先累加或累减再进行赋值，如果是后置运算符则先赋值再进行累加或累减。**

2. 算术运算符

JavaScript 中一共有 5 个算术运算符，分别为加、减、乘、除、求模（取余）。

【案例 7】

```
<!DOCTYPE html>
<html lang="en">
<head>
  <meta charset="UTF-8">
  <title>Title</title>
</head>
<body>
</body>
<script>
 var box1 = 1+2;   //加
  console.log(box1);   //等于 3
 var box2 = 100-20;   //减
```

```
    console.log(box2);  //等于 80
   var box3 = 2*2;  //乘
    console.log(box3);  //等于 4
   var box4 = 100/50;  //除
    console.log(box4);  //等于 2
   var box5 = 10%3;  //取余
    console.log(box5)  //等于 1，余数为 1
</script>
</html>
```

3. 关系运算符

用于进行比较的运算符称作关系运算符。关系运算符有：小于（<）、大于（>）、小于等于（<=）、大于等于（>=）、相等（==）、不等（!=）、全等（恒等）（===）、不全等（不恒等）（!==）。

【案例 8】

```
<!DOCTYPE html>
<html lang="en">
<head>
  <meta charset="UTF-8">
  <title>Title</title>
</head>
<body>
</body>
<script>
  var a = 1;
  var b = 2;
  var c = "1";
    console.log(a>b);                //false
    console.log(a>=b);               //false
    console.log(a<b);                //true
    console.log(a<=b);               //true
    console.log(a==c);               //true：值相等
    console.log(a===c);              //false：值相等但类型不相等
    console.log(a!=c);               //false
    console.log(a!==c);              //true
</script>
</html>
```

4. 逻辑运算符

逻辑运算符通常用于布尔值的操作，一般和关系运算符配合使用，逻辑运算符有 3 个：逻辑与（AND）、逻辑或（OR）、逻辑非（NOT）。

（1）逻辑与：&&

逻辑与运算符属于短路操作，顾名思义，如果第一个操作数返回值是 false，第二个操作数不管是 true 还是 false，结果都是 false。

（2）逻辑或：||

两边只要有一边是 true，则返回 true。

（3）逻辑非：!

逻辑非运算符可以用于任何值。无论这个值是什么数据类型，这个运算符都会返回一个布尔值。它的流程是：先将这个值转换成布尔值，然后取反。

【案例 9】

```
<!DOCTYPE html>
<html lang="en">
<head>
  <meta charset="UTF-8">
  <title>Title</title>
</head>
<body>
</body>
<script>
  console.log((5 > 4) && (4 > 3));          //true，两边都为 true，返回 true
  console.log((9 > 7) || (7 > 8));          //true，两边只要有一边是 true，就返回 true
  console.log(!(5 > 4));                    //false，非真即假，非假即真
</script>
</html>
```

9.4 流程控制语句

9.4.1 什么是流程控制语句

ECMA-262 规定了一组流程控制语句。语句定义了 ECMAScript 中的主要语法，语句通常由一个或者多个关键字来完成给定的任务。例如判断、循环、退出等。

9.4.2 if 语句

1. if（条件表达式）语句

【案例 10】

```
<!DOCTYPE html>
<html lang="en">
<head>
  <meta charset="UTF-8">
  <title>Title</title>
</head>
<body>
</body>
<script>
// 周末是否去爬山：如果天气晴朗，就去
```

```
  var weather = "晴朗";
  if(weather == "晴朗"){
    alert("去爬山")
  }
</script>
</html>
```

运行结果如图 9-6 所示。

Title
localhost:63342/初级学习教材/js操作.html?_ijt=s5caf1mgscp0lkpkoffvm4chvn
应用 百度一下，你就知道
localhost:63342 显示
去爬山
确定

图 9-6　if 语句运行结果

2. if (条件表达式) {语句;} else {语句;}

```
<!DOCTYPE html>
<html lang="en">
<head>
  <meta charset="UTF-8">
  <title>Title</title>
</head>
<body>
</body>
<script>
// 周末是否去爬山：如果天气晴朗，就去
// 如果下雨就去健身房
  var weather = "雨天";
  if(weather == "晴朗"){
    alert("去爬山")
  }else {
    alert("去健身房")
  }
</script>
</html>
```

运行结果如图 9-7 所示。

Title
localhost:63342/初级学习教材/js操作.html?_ijt=s5caf1mgscp0lkpkoffvm4chvn
应用 百度一下，你就知道
localhost:63342 显示
去健身房
确定

图 9-7　if else 语句运行结果

3. if (条件表达式) {语句;} else if (条件表达式) {语句;} else {语句;}

```
<!DOCTYPE html>
<html lang="en">
<head>
  <meta charset="UTF-8">
  <title>Title</title>
</head>
<body>
</body>
<script>
// 周末是否去爬山:
// 如果天气晴朗，就去
// 如果是阴天，就去公园
// 如果下雨就去健身房
  var weather = "阴天";
  if(weather == "晴朗"){
    alert("去爬山")
  }else if(weather == "阴天"){
    alert("去公园")
  } else {
    alert("去健身房")
  }
</script>
</html>
```

运行结果如图 9-8 所示。

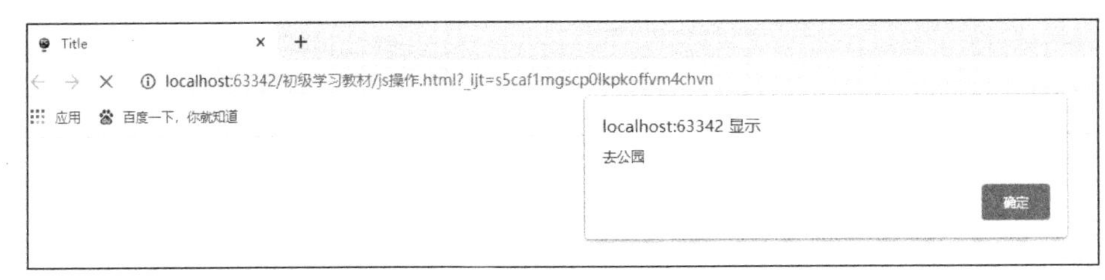

图 9-8　if else if 运行结果

9.4.3　循环语句

1. for 语句

for 语句也是一种先判断，后运行的循环语句。但它具有在执行循环之前初始化变量和定义循环后执行代码的能力。

【案例 11】

```
<!DOCTYPE html>
<html lang="en">
```

```
<head>
  <meta charset="UTF-8">
  <title>Title</title>
</head>
<body>
</body>
<script>
  //第一步，声明变量 var box = 1;
  //第二步，判断 box <=5
for (var box = 1; box <= 5 ; box++) {
  //第三步，alert(box) 第四步，box++
  document.write("box 的值："+box+"<br>"); //document.write 在 body 中打印
  //第五步，从第二步再来，直到判断为 false
}
</script>
</html>
```

运行结果如图 9-9 所示。

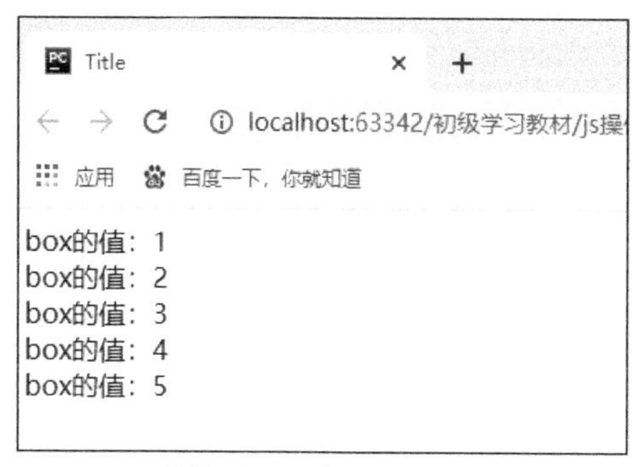

图 9-9　for 循环运行结果

2. break 和 continue 语句

break 和 continue 语句用于在循环中精确地控制代码的执行。其中，break 语句会立即退出循环，继续执行循环体后面的语句。而 continue 语句则是退出当前循环，继续执行后面的循环。

【案例 12】

```
<!DOCTYPE html>
<html lang="en">
<head>
  <meta charset="UTF-8">
  <title>Title</title>
</head>
<body>
</body>
<script>
  // 打印在 0~10 的偶数
```

```
for (var i = 0; i <= 20 ; i++) {
  // 判断在 0 ~ 10 的偶数
  if (i % 2 == 1){
    // 如果为奇数，则跳过本次循环
    continue
  }
  if (i > 10){
    // 如果大于 10，则终止循环
    break
  }
    // 判断，如果大于 10，则停止循环
    document.write("在 0 ~ 10 的偶数："+i+"<hr>")
}
</script>
</html>
```

运行结果如图 9-10 所示。

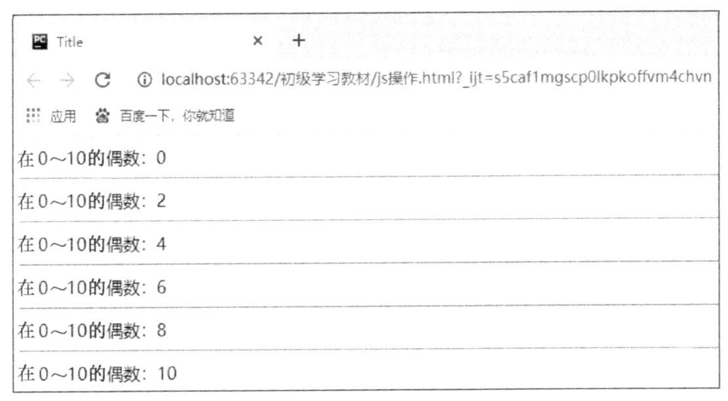

图 9-10　break 和 continue 语句的操作

9.5 函数

9.5.1 什么是函数

函数是定义一次但却可以调用或执行任意多次的一段 JavaScript 代码。函数可能会有参数，即函数被调用时指定了值的局部变量。函数常常使用这些参数来计算一个返回值，这个值也成为函数调用表达式的值。

9.5.2 函数声明

函数对任何语言来说都是一个核心的概念。通过函数可以封装任意多条语句，而且可以在任何地方、任何时间调用执行。ECMAScript 中的函数使用 function 关键字来声明，后跟一组参数及函数体。

【案例 13】

```
<!DOCTYPE html>
<html lang="en">
<head>
  <meta charset="UTF-8">
  <title>Title</title>
</head>
<body>
</body>
<script>
// function 函数声明标志
// box 函数名
function box() {                          //没有参数的函数
  document.write('只有函数被调用，我才会被之执行'+"<hr>");
}
box();                                    //直接调用函数
function box1(name, age) {                //带参数的函数
 document.write('你的姓名：'+name+'，年龄：'+age);
}
box1('Mr.Koo',26);                        //调用函数，并传参
</script>
</html>
```

运行结果如图 9-11 所示。

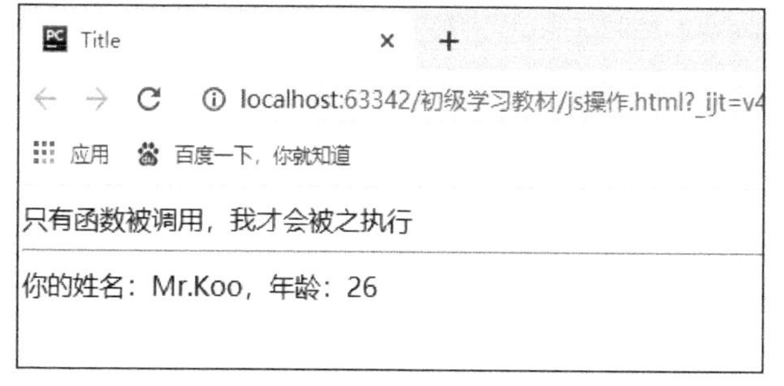

图 9-11　函数声明和调用

9.5.3　函数返回值

带参数和不带参数的函数，都没有定义返回值，都是调用后直接执行的。实际上，任何函数都可以通过 return 语句来实现返回值。把函数的返回值赋给一个变量，然后通过变量进行操作。return 语句还有一个功能就是退出当前函数，不再执行之后的语句。

【案例 14】

```
<!DOCTYPE html>
<html lang="en">
<head>
  <meta charset="UTF-8">
```

```
    <title>Title</title>
</head>
<body>
</body>
<script>
function box() {                          //没有参数的函数
    document.write('只有函数被调用，我才会被之执行'+"<hr>");
}
document.write("没有 return，函数默认返回值："+box());
function box1() {
    document.write('定义函数 box1'+"<hr>");
    return "可以返回所需要的值"
}
document.write("拥有 return，返回的是 return 中的值："+box1());
</script>
</html>
```

运行结果如图 9-12 所示。

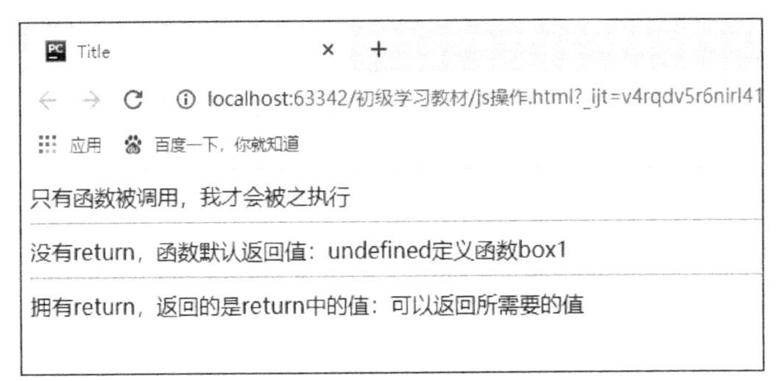

图 9-12　函数返回值

9.6 对象和数组

9.6.1 什么是对象

对象其实就是一种类型，即引用类型。而对象的值就是引用类型的实例。在 ECMAScript 中引用类型是一种数据结构，用于将数据和功能组织在一起，它也常被称为类，但 ECMAScript 中却没有这种东西。虽然 ECMAScript 是一门面向对象的语言，却不具备传统面向对象语言所支持的类和接口等基本结构。

9.6.2 Object 类型

在 JavaScript 中，我们经常使用 Object 类型，而且 JavaScript 中的所有对象都是继承自 Object 对象的。创建 Object 类型的方法有两种：一种是使用 new 运算符，另一种是字面量表示法。

【案例 15】

```
<!DOCTYPE html>
<html lang="en">
<head>
  <meta charset="UTF-8">
  <title>Title</title>
</head>
<body>
</body>
<script>
  var box = new Object();                          //new 方式
 box.name = 'Mr.Koo';                              //创建属性字段
 box.age = 26;                                     //创建属性字段
  console.log(box);
  console.log("box 中的 name: "+box.name);         // 取出对象中的内容使用

  var box1 = {};                                   //字面量方式声明空的对象
 box1.name = 'Mr.Koo';                             //点符号给属性赋值
 box1.age = 26;
 box1.hobby={
   "like":"看书"
   "play":"游泳",
  };
  console.log(box1);
  console.log("box1 中的 age: "+box1.age);
</script>
</html>
```

运行结果如图 9-13 所示。

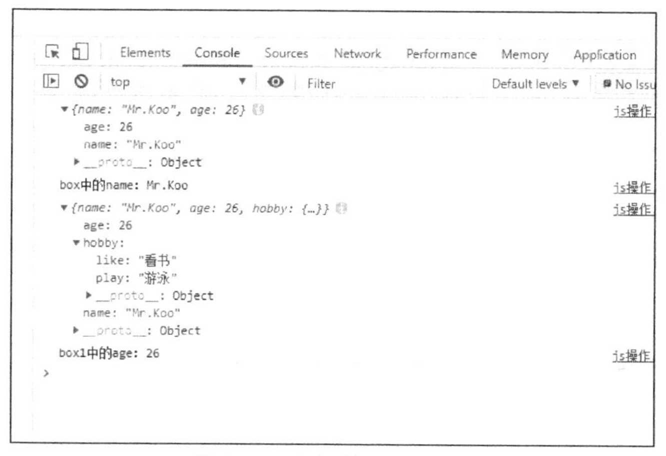

图 9-13　定义对象和调用属性

9.6.3　数组类型

除了 Object 类型，数组类型是 ECMAScript 最常用的类型。ECMAScript 中的数组类型和其他语言中的数组有着很大的区别。虽然数组都是有序排列的，但 ECMAScript 中的数组元素可以保存不同类型，且 ECMAScript 中数组的大小也是可以调整的。创建数组类型有两种方式：第一种是使用 new 运算符，第二种是字面量表示法。

【案例 16】

```
<!DOCTYPE html>
<html lang="en">
<head>
  <meta charset="UTF-8">
  <title>Title</title>
</head>
<body>
</body>
<script>
var box = new Array();                    //创建了一个数组
var box1 = new Array(10);                 //创建一个包含 10 个元素的数组
var box2 = new Array('Mr.Koo',26,'teacher','广州');    //创建一个数组并分配元素
//以上 3 种方法，都可以省略 new 关键字。
var box3 = Array(10,10.1,"张三",{name:"李四"});
var box4 = ["10","张","王",{name:"小明"}];
console.log(box);
console.log(box1);
console.log(box2);
console.log(box3);
console.log(box4);
</script>
</html>
```

运行结果如图 9-14 所示。

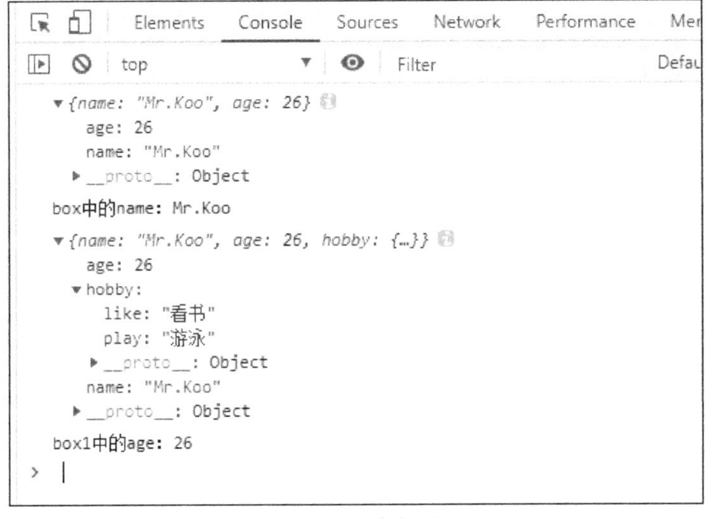

图 9-14　数组定义和调用

9.6.4 数组常用方法

ECMAScript 为操作数组中的元素提供了很多方法。这里主要讲一些常用的方法，例如 push()、concat()、pop()、splice()、reverse()、join()。

【案例 17】

```
<!DOCTYPE html>
<html lang="en">
<head>
  <meta charset="UTF-8">
  <title>Title</title>
</head>
<body>
</body>
<script>
  //push()方法：在数组末端添加元素
  var arr1 = [1, 2, 3];
  arr1.push([4, 5]);
  console.log(arr1);   //arr1 的结果是[1, 2, 3, [4, 5]]
    //concat()方法:把两个数组或元素组合在一起，但是不会改变调用者的结构
  var arr2 = [4, 5];
  var arr3 = arr1.concat(arr2);
  console.log(arr3);   //arr3 的值：[1, 2, 3, [4, 5], 4, 5]
  // pop()方法
  // 该方法的作用是删除数组中最后一个元素，并返回删除的元素
  arr3.pop();
  console.log(arr3); //arr3 的值：[1, 2, 3, 4, 5, 4, 5]
  // splice()方法
  //该方法能删除指定的元素，或者插入指定的元素，
  // 函数原型 splice(index,howmany,element1,…,elementX)
  // index 参数表示要删除的开始下标, howmany 参数表示要删除的元素个数
  // element（可选）参数表示从 index 所指的下标处开始插入元素，该方法的返回值是被删除掉的那部分数组
  var arr4 = arr3.splice(0, 2);
  console.log(arr4); // arr4 的值：[1, 2]
  console.log(arr3); // arr3 的值: [3, [4, 5],4]
//reverse()方法
//该方法颠倒数组中元素的顺序
  var arr5 = arr3.reverse();
  console.log(arr5); //arr5 的值：[4, [4, 5],3]
// join()方法
// 返回一个字符串，字符串的内容是数组的所有元素，元素之间通过指定的分隔符进行分隔
  var str = arr5.join("--");
  console.log(str)   //str 的值：4--4,5--3
</script>
</html>
```

9.7 字符串的处理方式

字符串处理涉及合并操作，转换成整数，转化为小数，分割、查找某个字符是否存在及截取、反转等操作。

【案例 18】

```
<!DOCTYPE html>
<html lang="en">
<head>
  <meta charset="UTF-8">
  <title>Title</title>
</head>
<body>
</body>
<script>
  // 字符串之间的“+”表示拼接
  // 数字和字符串之间的“+”也表示拼接
  var box = "100.1";
  var box1 = "200.0";
  var box2 = 21;
  console.log(box+box1);    // 结果：100.1200.0
  console.log(box1+box2);  // 结果：200.021
  // 将其他类型转成整数
  console.log(parseInt(box1)); // 结果：200
  // 将其他类型转成小数
  console.log(parseFloat(box)); // 结果：100.1
  // 分割字符串，返回数组
  var box3 = "192.168.1.110";
  console.log(box3.split("."));  //以点作为分隔：["192". "168". "1". "110"]
  // 查询是否包含 s 这个字符串，返回第一次查到的字符及其下标
  var tel = "fgjasdflkjsdaf";
  console.log(tel.indexOf("s"));  // 结果：4
  // 截取字符串 substring(start,end) // 左闭右开
  console.log(tel.substring(3,7));
  // 翻转字符串
  // 将字符串以空切割，并转成数组:split()方法
  // 再翻转：reverse()方法
  // 再拼接成字符串：join()方法
  console.log(tel.split("").reverse().join(""))// 结果:fadsjklfdsajgf
</script>
</html>
```

9.8 元素操作

9.8.1 获取元素

可以使用内置对象 document 上的 getElementById 方法来获取页面上设置了 id 属性的

元素，获取到一个 HTML 对象后，将它赋值给一个变量。

【案例 19】

```
<!DOCTYPE html>
<html lang="en">
<head>
  <meta charset="UTF-8">
  <title>Title</title>
<!--  script 放在 body 前-->
  <script>
    // 先要预加载
    window.onload = function () {
        // 根据 id 选择器获取 div
      var box1 = document.getElementById("box1");
      console.log("box1:"+box1); // 结果： box1:[object HTMLDivElement]
    }
  </script>
</head>
<body>
  <div id="box1"> 这是一个盒子 </div>
</body>
<!--  script 放在 body 后-->
  <script>
    // 不需要预加载
      var box1 = document.getElementById("box1");
      console.log("box1:"+box1); // 结果： box1:[object HTMLDivElement]
  </script>
</html>
```

9.8.2 操作属性

（1）获取页面元素后，就可以对页面元素的属性进行操作，属性的操作包括属性的读和写。

（2）操作元素属性，方法如下。

```
var 变量 = 元素.属性名  //读取属性
元素.属性名 = 新属性值  //改写属性
```

【案例 20】

```
<!DOCTYPE html>
<html lang="en">
<head>
  <meta charset="UTF-8">
  <title>Title</title>
</head>
<body>
```

```
    <div id="box1"> 这是一个盒子 box1 </div>
    <div id="box2"> 这是一个盒子 box2 </div>
</body>
    <script>
        //获取标签对象
        var box1 = document.getElementById("box1");
        var box2 = document.getElementById("box2");
        // 设置字体
        // 语法格式: 对象.style.属性名
        box1.style.color = "gold";
        box2.style.color = "green";
        box2.style.fontSize = "30px";
        box1.style.fontWeight = "bold";
        // 获取标签内颜色属性值
        document.write("box1:"+box1.style.color+"<hr>");
        document.write("box2:"+box2.style.color);
    </script>
</html>
```

运行结果如图 9-15 所示。

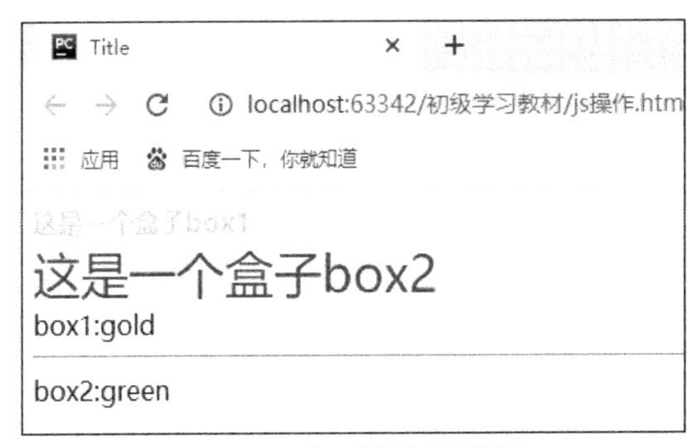

图 9-15　获取属性和设置属性

9.8.3　标签文字操作

innerHTML 可以读取或者写入标签的内容。

【案例 21】

```
<!DOCTYPE html>
<html lang="en">
<head>
    <meta charset="UTF-8">
    <title>Title</title>
</head>
<body>
    <div id="box1"> 这是一个盒子 box1 </div>
    <div id="box2"> 这是一个盒子 box2 </div>
    <input type="text" id="inp" >
```

```
</body>
  <script>
      //获取标签对象
      var box1 = document.getElementById("box1");
      var box2 = document.getElementById("box2");
      var inp = document.getElementById("inp");
      // 给 box2 换内容
      box2.innerHTML = "这是 box2 的内容";
      // 给 box2 添加标签内容
      box2.innerHTML = "<hr>+<h1>添加 h1 标签</h1>+<hr>";
      // 获取 box1 的内容
      document.write("<hr>"+box1.innerHTML+"<hr>");
      // 给 input 添加内容
      inp.value   = "张三";
      // 获取 input 标签的内容
      document.write(inp.value)
  </script>
</html>
```

运行结果如图 9-16 所示。

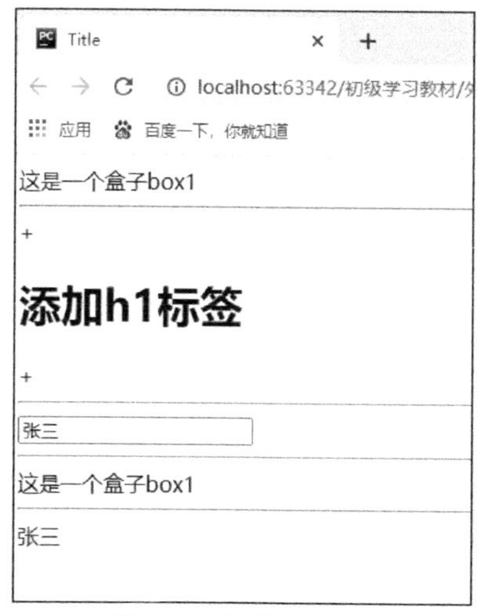

图 9-16　标签文字操作

9.8.4　事件操作

元素上除了有样式、id 等属性，还有事件属性，常用的事件属性有鼠标单击事件属性（onclick）、将函数名称赋值给元素事件属性，可以将事件和函数关联起来。

【案例 22】

```
<!DOCTYPE html>
<html lang="en">
<head>
  <meta charset="UTF-8">
```

```
    <title>Title</title>
</head>
<body>
    <input type="text" placeholder="请输入内容" id="inp">
    <input type="button" value="提交" id="btn">
    <div id="intro" style="width: 200px;height: 40px;border: 2px solid rebeccapurple;text-align: center">

    </div>
</body>
    <script>
        //获取标签对象
        var intro = document.getElementById("intro");
        var inp = document.getElementById("inp");
        var btn = document.getElementById("btn");
        // 添加单击事件
        btn.onclick = function(){
            // 获取 input 框中的内容
            var val = inp.value;
            if (val == ""){
                alert("内容不能为空...")
            }else {
                //将 val 添加到 div 中
                intro.innerHTML = "<h5>"+val+"</h5>"
            }
        };

    </script>
</html>
```

运行结果如图 9-17 所示。

图 9-17　单击事件

9.9 ECharts 数据可视化操作

ECharts 是一个使用 JavaScript 实现的开源可视化库，可以流畅地运行在 PC 和移动设备上，兼容当前绝大部分浏览器（IE8/9/10/11、Chrome、Firefox、Safari 等），底层依赖矢量图形库 ZRender，提供直观、交互丰富、可高度个性化定制的数据可视化图表。

ECharts 提供了常规的折线图、柱状图、散点图、饼图、K 线图，用于统计的盒形图，用于地理数据可视化的地图、热力图、线图，用于关系数据可视化的关系图、treemap、旭日图，多维数据可视化的平行坐标，还有用于 BI 的漏斗图、仪表盘，并且支持图与图之间的混搭。Echarts 属性介绍如下。

（1）title：写标题，参数说明如下。

- Show：false/true，是否显示标题。
- text：标题内容；textstyle 修饰标题样式。
- subtext：副标题，也可以算是内容；subtextStyle 修饰副标题样式。

（2）legend：图例组件展现了不同系列的标记（symbol）、颜色和名字，参数说明如下。

- Show：false/true，是否显示图例。
- Data：图例的数据数组。

（3）grid：直角坐标系内绘图网格，单个 grid 内最多可以放置上下两个 X 轴，左右两个 Y 轴。可以在网格上绘制折线图、柱状图、散点图，参数说明如下。

- Show：false/true，是否显示网格。
- top、left、right、bottom 标识上、左、右、下的边距。

（4）xAxis：直角坐标系 grid 中的 X 轴，单个 grid 组件最多只能放上下两个 X 轴，参数说明如下。

- type：坐标轴类型。
- value：数值轴，适用于连续数据。
- category：类目轴，适用于离散的类目数据，为该类型时必须通过 data 设置类目数据。
- time：时间轴，适用于连续的时序数据，与数值轴相比，时间轴带有时间的格式化，在刻度计算上也有所不同，例如，它会根据跨度的范围来决定使用月、星期、日还是小时。
- data：类目数据，在类目轴（type：'category'）中有效。

（5）yAxis：直角坐标系 grid 中的 Y 轴，单个 grid 组件最多只能放左右两个 Y 轴。

- type：坐标轴类型。
- value：数值轴，适用于连续数据。
- category：类目轴，适用于离散的类目数据，为该类型时必须通过 data 设置类目数据。
- time：时间轴，适用于连续的时序数据，与数值轴相比时间轴带有时间的格式化，在刻度计算上也有所不同。例如，它会根据跨度的范围来决定使用月、星期、日还是小时。

（6）dataZoom：组件，用于对数据进行区域缩放，从而能自由地关注细节的数据信息，或者概览数据整体，参数说明如下。

- backgroundColor：组件的背景颜色。
- realtime：拖动时，是否实时更新系列的视图。如果设置为 false，则只在拖曳结束的时候更新。
- top、left、right、bottom：标识上、左、右、下的边距。

（7）tooltip：提示框组件，参数说明如下。

- show：false/true，是否显示提示框。
- trigger：触发类型。

- item：数据项图形触发，主要在散点图、饼图等无类目轴的图表中使用。
- axis：坐标轴触发，主要在柱状图、折线图等会使用类目轴的图表中使用。

（8）color：调色盘颜色列表。如果系列没有设置颜色，则会依次循环从该列表中取颜色作为系列颜色，默认颜色如下。

['#c23531','#2f4554','#61a0a8','#d48265','#91c7ae','#749f83','#ca8622','#bda29a','#6e7074','#546570','#c4ccd3']。

（9）seriers：系列列表。每个系列通过 type 决定自己的图表类型。

- series[i]-line：折线。
- itemStyle：折线拐点标志的样式。
- series[i]-bar：柱状图通过柱形的高度来表现数据的大小，用于有至少一个类目轴的直角坐标系上。
- series[i]-pie：饼图主要用于表现不同类目的数据在总和中的占比。每个的弧度表示数据数量的比例。

【案例 23】 ECharts 的基本使用。

1. 引入 ECharts

通过标签直接引入构建好的 ECharts 文件。

```
<!DOCTYPE html>
<html>
<head>
    <meta charset = "utf-8">
    <!-- 引入 ECharts 文件 -->
    <script src = "./js/echarts.min.js"></script>
</head>
</html>
```

2. 绘制一个简单的图表

在绘图前我们需要为 ECharts 准备一个具备大小（宽高）的 DOM。

```
<body>
    <!-- 为 ECharts 准备一个具备大小（宽高）的 DOM -->
    <div id = "main" style = "width: 600px;height: 400px;"></div>
</body>
```

然后通过 echarts.init 方法初始化一个 ECharts 实例，并通过 setOption()方法生成一个简单的柱状图，以下是完整的代码。

```
<!DOCTYPE html>
<html>
<head>
    <meta charset = "utf-8">
    <title>ECharts</title>
    <!-- 引入 echarts.js -->
```

```
        <script src = "./js/echarts.min.js"></script>
</head>
<body>
        <!-- 为 ECharts 准备一个具备大小（宽高）的 DOM -->
        <div id = "main" style = "width: 600px;height: 400px;"></div>
        <script type = "text/javascript">
            // 基于准备好的 DOM，初始化 ECharts 实例
            var myChart = echarts.init(document.getElementById('main'));

            // 指定图表的配置项和数据
            var option = {
                title: {
                    text: 'ECharts  入门示例'
                },
                tooltip: {},
                legend: {
                    data: ['销量']
                },
                xAxis: {
                    data: ["衬衫","羊毛衫","雪纺衫","裤子","高跟鞋","袜子"]
                },
                yAxis: {},
                series: [{
                    name: '销量',
                    type: 'bar',
                    data: [5, 20, 36, 10, 10, 20]
                }]
            };

            // 使用指定的配置项和数据显示图表
            myChart.setOption(option);
        </script>
</body>
</html>
```

运行结果如图 9-18 所示。

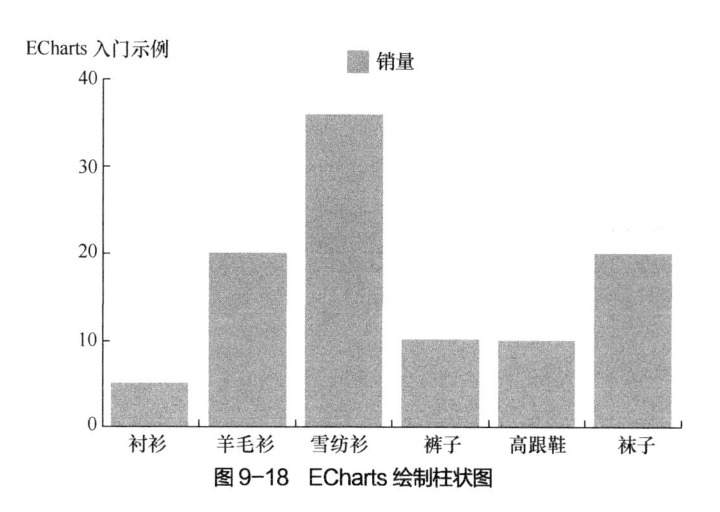

图 9-18　ECharts 绘制柱状图

前面绘制的是一个简单的柱状图，接下来要绘制的是饼图，饼图通过扇形的弧度来表现不同类目的数据在总和中的占比，它的数据格式比柱状图更简单，只有一维的数值，没有类目。因为不在直角坐标系上，所以也不需要 xAxis，yAxis。尝试用以下代码来替换上面代码中的 option 部分。

```
var option = {
  series : [
    {
      name: '访问来源',
      type: 'pie',
      radius: '55%',
      data: [
        {value: 235, name: '视频广告'},
        {value: 274, name: '联盟广告'},
        {value: 310, name: '邮件营销'},
        {value: 335, name: '直接访问'},
        {value: 400, name: '搜索引擎'}
      ]
    }
  ]
};
```

运行结果如图 9-19 所示。

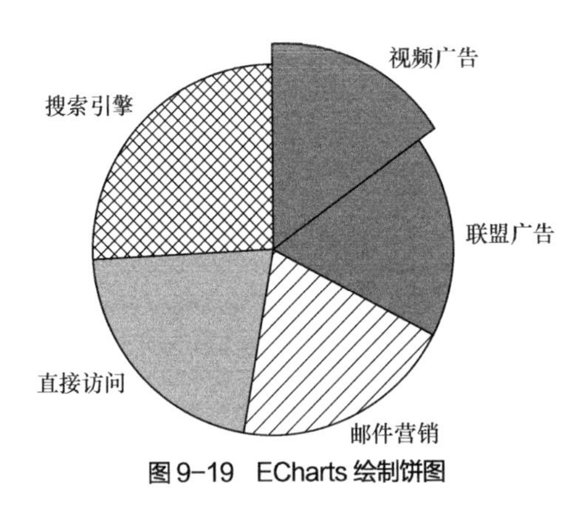

图 9-19　ECharts 绘制饼图

以上是 2 个简单的例子，ECharts 还支持很多不同类型的图表，可以去官方文档查看每一种图表的具体参数来自己实现。

9.10　项目实训——聊天对话框

1. 实验需求

使用 HTMl 标签和 CSS 属性设计聊天界面，添加 JavaScript 的相关操作，该项目能够使用不同角色，在对话框中发送信息。

2. 实验步骤

（1）设计聊天框静态页面。
（2）根据业务需求，添加 JavaScript 代码。

3. 代码实现

```
<!DOCTYPE html>
<html lang="en">
<head>
    <meta charset="UTF-8">
    <meta name="viewport" content="width=device-width, initial-scale=1.0">
    <meta http-equiv="X-UA-Compatible" content="ie=edge">
    <title>Document</title>
    <style type="text/css">
        .talk_con{
            width:600px;
            height:500px;
            border:1px solid #666;
            margin:50px auto 0;
            background:#f9f9f9;
            background-image: url("./u.jpg");
            background-size: 110%;
        }
        .talk_show{
            width:580px;
            height:420px;
            border:1px solid #666;
            background:rgba(0,0,0,0.2);
            margin:10px auto 0;
            overflow:auto;
        }
        .talk_input{
            width:580px;
            margin:10px auto 0;
        }
        .whotalk{
            width:80px;
            height:30px;
            float:left;
            outline:none;
        }
        .talk_word{
            width:420px;
            height:26px;
```

```
                padding:0px;
                float:left;
                margin-left:10px;
                outline:none;
                text-indent:10px;
            }
            .talk_sub{
                width:56px;
                height:30px;
                float:left;
                margin-left:10px;
            }
            .atalk{
               margin:10px;
            }
            .atalk span{
                display:inline-block;
                background:#79cce9;
                border-radius:10px;
                color:#fff;
                padding:5px 10px;
            }
            .btalk{
                margin:10px;
                text-align:right;
            }
            .btalk span{
                display:inline-block;
                background:#91cb7b;
                border-radius:10px;
                color:#fff;
                padding:5px 10px;
            }
        </style>
    </head>
    <body>
        <div class="talk_con">
            <div class="talk_show" id="words">
                <div class="atalk"><span>A 说：睡了吗？</span></div>
                <div class="btalk"><span>B 说：还没呢，你呢？</span></div>
            </div>
            <div class="talk_input">
                <select class="whotalk" id="who">
                    <option value="0">A 说：</option>
                    <option value="1">B 说：</option>
                </select>
                <input type="text" class="talk_word" id="talkwords">
```

```
                <input type="button" value="发送" class="talk_sub" id="talksub">
            </div>
        </div>
    </body>
    <script type="text/javascript">
            window.onload = function(){
                var oTalkshow = document.getElementById('words');
                var oWho = document.getElementById('who');
                var oWords = document.getElementById('talkwords');
                var oBtn = document.getElementById('talksub');
                 //单击事件
                oBtn.onclick = function(){
                    var sVal01 = oWho.value;
                    var sVal02 = oWords.value;
                    var sTr = '';

                    if(sVal02=='')
                    {
                        alert('请输入内容！');
                        return;
                    }
                    //设置聊天框内的内容
                    if(sVal01==0)
                    {
                        sTr = '<div class="atalk"><span>A 说：'+sVal02+'</span></div>';
                    }
                    else
                    {
                         sTr = '<div class="btalk"><span>B 说：'+sVal02+'</span></div>';
                    }
                     // 内容进行拼接
                    oTalkshow.innerHTML = oTalkshow.innerHTML+sTr;
                    // 将 input 设置为空
                    oWords.value = ""
                }
            }
        </script>
</html>
```

运行结果如图 9-20 所示。

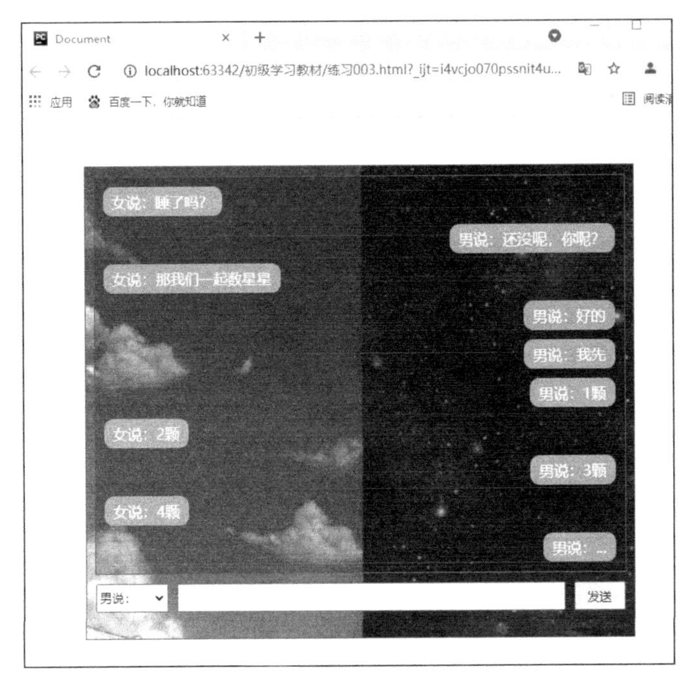

图 9-20 聊天框

4. 代码分析

此项目主要是使用 HTML、CSS 和原生 JavaScript 的配合操作，建立静态页面，实现聊天内容和样式的更新。

9.11 本章小结

本章主要介绍了 JavaScript 的操作语法，让读者熟悉 JavaScript 导入方法，掌握 JavaScript 事件操作，使用 JavaScript 和 HTML、CSS 进行交互设计，创作更优秀的网页。

9.12 本章习题

一、单选题

1. 关于导入 JavaScript 说法错误的是（　　）。
   A. 可以通过 src 属性导入.js 文件
   B. 带有 src 属性的 script 元素，可以在里面编写 JavaScript 代码
   C. script 元素在 body 上方时，需要进行预加载
   D. script 元素在 body 下时，不需要预加载
2. 下面不属于 JavaScript 数据类型（　　）。
   A. undefined　　B. list　　C. object　　D. array
3. 关于数组操作不正确的说法是（　　）。
   A. push()方法在数组前面添加数据

B. pop()方法作用是删除数组中最后一个元素，并返回删除的元素
C. join()方法可以将数组转成字符串
D. reverse()方法可以颠倒数组中元素的顺序

4. 关于元素操作说法不正确的是（　　）。
A. 使用 document.getElementById 方法，可以获取 id 属性的元素对象
B. 元素对象.innerHTML 可以获取元素内的标签和文字
C. 元素对象.style.color = "red"可以将元素对象内的文字设置为红色
D. 元素对象.onclick()可以设置该元素的单击操作

二、操作题

单击对应不同的颜色块，可以将网页背景改为对应的颜色，如图 9-21 所示。

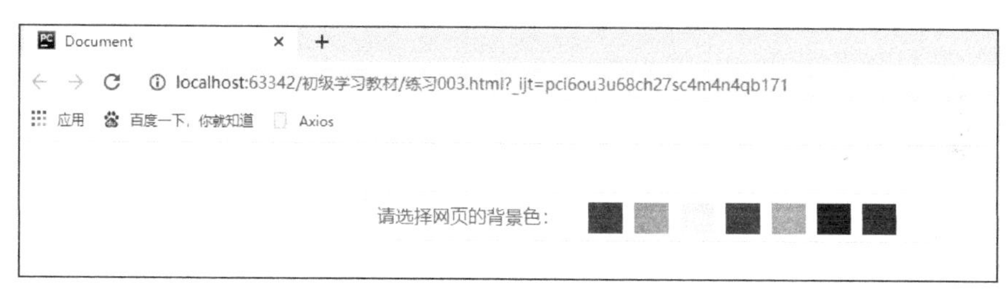

图 9-21　操作题

第三部分

网络爬虫分析

第 10 章 页面结构分析

10

▶ 内容导学

网络爬虫又被称为网页蜘蛛、网络机器人，网络爬虫是一种按照一定的规则，自动地抓取万维网信息的程序或者脚本。怎样抓取网页信息呢？其实就是根据 URL 来获取它的网页信息，虽然我们在浏览器中看到的是一幅幅优美的画面，其实这些画面是由浏览器解释才呈现出来的，它的实质是一段 HTML 代码，加载了 JavaScript、CSS、图片等资源。如果把网页比作一个人，那么 HTML 便是人的骨架，JavaScript 便是人的肌肉，CSS 便是人的衣服。所以，最重要的部分是存在于 HTML 中的，所以我们要做的就是对页面进行分析，从整个 HTML 中提取我们所需要的信息。

▶ 学习目标

① 掌握 XPath 对页面结构的分析方法。
② 掌握 Beautiful Soup4 对页面结构的分析方法。
③ 掌握使用正则表达式抽取页面信息的方法。
④ 掌握使用浏览器的开发者工具进行页面调试的方法。

10.1 爬虫的实现

10.1.1 制定爬虫方案

我们已经知道，爬虫其实就是模拟人的行为通过浏览器访问某些网站，然后获取所需要的信息。那么，当在浏览器地址栏上输入一个 URL（统一资源定位符）地址并按<Enter>键后，我们是通过什么协议找到资源，又是如何将请求到的资源传给浏览器呢？这一切都有一个非常重要的应用层协议：超文本传输协议（Hyper Text Transfer Protocol，HTTP）。

1. HTTP 简介

HTTP 是一种用于分布式、协作式和超媒体信息系统的应用层协议。

设计 HTTP 最初的目的是提供一种发布和接收 HTML 页面的方法。HTTP 由蒂姆 · 伯纳斯 · 李于 1989 年在欧洲核子研究组织（CERN）发起。HTTP 的标准制定由万维网协会（World Wide Web Consortium，W3C）和互联网工程任务组（Internet Engineering Task Force，IETF）进行协调，最终发布了一系列的 RFC，其中最出名的是 1999 年 6 月公布的 RFC 2616，定义了 HTTP 中如今广泛使用的一个版本——HTTP 1.1。

2014 年 12 月，IETF 的 Hypertext Transfer Protocol Bis（httpbis）工作小组将 HTTP/2 标准提议递交至 IESG 进行讨论，于 2015 年 2 月 17 日被批准。HTTP/2 标准于 2015 年 5 月以 RFC 7540 正式发表，取代 HTTP 1.1 成为 HTTP 的实现标准。

2. HTTP 请求例子

HTTP 发出的请求信息（message request）如下。

- 请求行（例如 GET、/images/logo.gif、HTTP/1.1，表示从/images 目录下请求 logo.gif 文件）。
- 请求头 Header（例如 Accept-Language: en）。
- 空行。
- 其他消息体。

下面是一个 HTTP 客户端与服务器之间会话的例子，访问的 URL 为百度官网。

客户端请求：

```
GET / HTTP/1.1
Host: "httpAddr-004"
```

服务器应答：

```
HTTP/1.1 200 OK
Accept-Ranges: bytes
Cache-Control: private, no-cache, no-store, proxy-revalidate, no-transform
Connection: keep-alive
Content-Length: 277
Content-Type: text/html
Date: Wed, 10 Mar 2021 14: 24: 04 GMT
Etag: "575e1f72-115"
Last-Modified: Mon, 13 Jun 2016 02: 50: 26 GMT
Pragma: no-cache
Server: bfe/1.0.8.18
<!DOCTYPE html>
<!--STATUS OK--><html>
...</html>
```

以上就是 HTTP 从百度官网请求的过程，服务器应答后面带着 HTML 网页的内容返回给浏览器，浏览器在接收到之后会根据 HTML 网页内容渲染出我们实际看到的网页。而爬虫的实现，则是在 HTTP 请求收到服务器应答的内容之后，去解析 HTML 内容来获取我们需要的数据，然后保存下来，从而进行后续的操作，比如数据统计分析等。

10.1.2 使用 urllib 基础库爬取静态页面内容

urllib 库是 Python 语言内置的 URL 处理模块，提供了一系列用于操作 URL 的方法。urllib 的 request 模块可以非常方便地抓取 URL 内容，也就是发送一个 GET 请求到指定的页面，然后返回 HTTP 的响应。

```
from urllib import request
with request.urlopen('httpAddr-004') as f:
    data = f.read()
    print('Status: ', f.status, f.reason)
    for k, v in f.getheaders():
        print('%s: %s' % (k, v))
    print('Data: ', data.decode('utf-8'))
```

通过 request，我们直接请求百度的网址。

大致可以看到如下信息。

```
Status: 200 OK
Bdpagetype: 1
Bdqid: 0xd7a253fb000b6044
Cache-Control: private
Content-Type: text/html;charset = utf-8
Date: Wed, 10 Mar 2021 14: 24: 04 GMT
Expires: Wed, 10 Mar 2021 14
...
Data: <!DOCTYPE html><!--STATUS OK-->
<html><head><meta http-equiv = "Content-Type" content = "text/html;charset = utf-8"><meta
http-equiv = "X-UA-Compatible" content = "IE = edge,chrome = 1">
<meta content = "always" name = "referrer"><meta name = "theme-color" content = "#2932e1">
    <meta name = "description" content = "全球最大的中文搜索引擎、致力于让网民更便捷地获取信息，找到所求。百度超过千亿的中文网页数据库，可以瞬间找到相关的搜索结果。">
<link rel = "shortcut icon" href = "/favicon.ico" type = "image/x-icon" />
        ...
        < / body >
 </html >
```

从返回的信息中我们看到请求 URL 资源后，服务器返回的状态码为 200 OK。且获取了 HTTP 响应头和整个 HTML 文本信息。

将请求 URL 头换为豆瓣 Top 250 榜单的网址后，再次访问，运行结果报错。

```
File "E: \python\lib\urllib\request.py", line 650, in http_error_default
    raise HTTPError(req.full_url, code, msg, hdrs, fp)
urllib.error.HTTPError: HTTP Error 418:
```

这是怎么回事呢？主要是因为该网站禁止被爬取信息。因为网站服务器后台从请求头的“User-Agent”字段识别出是爬虫进行获取资源，而该网站就拒绝了此次请求，此时可以尝试修改请求头的“User-Agent”字段。

User-Agent 该修改成什么字段呢？

首先打开浏览器开发者模式，然后访问任意一个网站，找到 Network 面板，单击任意一次 HTTP 请求，在 Request Headers 信息里面，可以看到请求头消息的 User-Agent 信息，将它们拷贝下来，如图 10-1 所示。

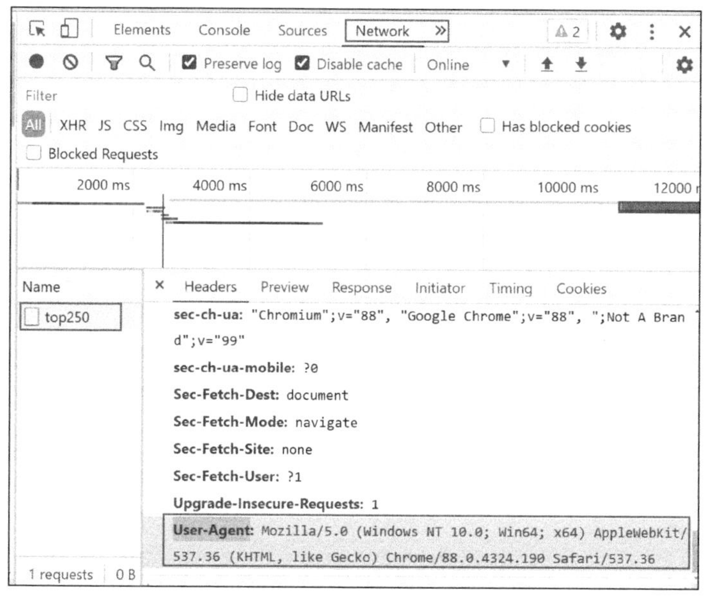

图 10-1 利用开发者工具查看消息头信息

```
from urllib import request
req = request.Request('httpAddr-005')
req.add_header('User-Agent', 'Mozilla/5.0 (Windows NT 10.0; Win64; x64) AppleWebKit/537.36 (KHTML, like Gecko) Chrome/88.0.4324.190 Safari/537.36')
with request.urlopen(req) as f:
    data = f.read()
    print('Status: ', f.status, f.reason)
    for k, v in f.getheaders():
        print('%s: %s' % (k, v))
    print('Data: ', data.decode('utf-8'))
```

这样就可以爬取网站中的内容。甚至可以查看手机浏览器的“User-Agent”，这样我们获取的页面信息将更适合 iPhone 的移动版网页（前提是该网站做了该类型页面的区分）。

10.1.3 使用 requests 爬取静态网页内容

虽然 urllib 内置在 Python 语言中，使用的时候直接引入即可，但它用起来比较麻烦，也没有很多实用的高级功能，这时我们可以使用更好的 requests 库，它是一个 Python 第三方库，使用 requests 处理 URL 资源非常方便。

1. 安装 requests

可以使用 pip 命令安装，命令如下。

```
pip install requests
```

2. 使用 requests 爬取网站

以爬取百度官网为例。

```
import requests
r = requests.get('httpAddr-004')
print('Status: ', r.status_code)
r.encoding = 'utf-8'
print('Headers: ',r.headers)
print('Data: ', r.text)
```

可以看到以下输出。

```
Status: 200 OK
Headers: {'Cache-Control': 'private, no-cache, no-store, proxy-revalidate, no-transform', 'Connection': 'keep-alive', 'Content-Encoding': 'gzip', 'Content-Type': 'text/html', 'Date': 'Tue, 30 Mar 2021 07: 11: 10 GMT', 'Last-Modified': 'Mon, 23 Jan 2017 13: 24: 18 GMT', 'Pragma': 'no-cache', 'Server': 'bfe/1.0.8.18', 'Set-Cookie': 'BDORZ = 27315; max-age = 86400; domain = .baidu.com; path = /', 'Transfer-Encoding': 'chunked'}
Data: <!DOCTYPE html>
<!--STATUS OK--><html> <head><meta http-equiv = content-type content = text/html;charset = utf-8><meta http-equiv = X-UA-Compatible content = IE = Edge><meta content = always name = referrer><link rel = stylesheet type = text/css href = 百度 css 资源><title>百度一下，你就知道</title></head>
...
...
</body> </html>
```

如果像 10.1.2 节一样设置“User-Agent”，只需要在请求的时候增加一个 headers 参数即可。

```
import requests
r = requests.get('httpAddr-005', headers = {'User-Agent': 'Mozilla/5.0 (Windows NT 10.0; Win64; x64) AppleWebKit/537.36 (KHTML, like Gecko) Chrome/88.0.4324.190 Safari/537.36'})
print('Status: ', r.status_code, r.reason)
r.encoding = 'utf-8'
print('Headers: ', r.headers)
print('Data: ', r.text)
```

10.1.4 配置 urllib 和 requests 参数

在使用中，由于网络环境、目标网站的情况不同，urllib 和 requests 难免会遇到很多需要配置的地方，下面我们主要讲一些常见的设置。

1. 代理服务器（Proxy）

有一些公司内部网络可能需要代理服务器才能访问外部网站，这时候就需要配置代理服务器。

在 urllib 中，需要用到 ProxyHandler 来配置代理服务器地址，然后用 build_opener 方法来使用配置的 ProxyHandler 请求目标 URL，具体代码如下。

```
from urllib.request import ProxyHandler, build_opener
proxy_handler = ProxyHandler({
    'http': 'httpAddr-006',
```

```
        'https': 'httpAddr-007'
})
opener = build_opener(proxy_handler)
with opener.open('Addr-008') as f:
    data = f.read()
    print('Status: ', f.status, f.reason)
    for k, v in f.getheaders():
        print('%s: %s' % (k, v))
    print('Data: ', data.decode('utf-8'))
```

在 requests 里使用代理服务器就更简单一些，在请求的时候增加一个 proxies 参数即可。

```
import requests
proxies = {'http': 'httpAddr-006', 'https': 'httpAddr-007'}
r = requests.get('httpAddr-004', proxies = proxies)
print('Status: ', r.status_code, r.reason)
r.encoding = 'utf-8'
print('Headers: ', r.headers)
print('Data: ', r.text)
```

2. 超时

连接超时指的是客户端实现到远端机器端口的连接时，request 等待的秒数。一旦客户端连接到了服务器并且发送了 HTTP 请求，读取超时指的就是客户端等待服务器发送请求的时间。为防止服务器不能及时响应，大部分发至外部服务器的请求都应该带着 timeout 参数。如果没有 timeout，你的代码可能会挂起若干分钟甚至更长时间。一个很好的实践方法是把连接超时设为比 3 的倍数略大的一个数值，因为 TCP 数据包重传窗口（TCP Packet Retransmission Window）的默认大小是 3。

urllib 指定 timeout 非常简单，只需要在 urlopen 里增加 timeout 参数，如下所示（前后代码省略）。

```
with request.urlopen('httpAddr-004', timeout = 1) as f:
```

在默认情况下，除非显式指定了 timeout 值，requests 是不会自动进行超时处理的。如果你指定了一个单一的值作为 timeout，如下所示（前后代码省略）。

```
r = requests.get('httpAddr-004', timeout = 5)
```

这个 timeout 值将会用作 connect 和 read 二者的 timeout。表示连接超时为 5 秒，连接后读取内容的超时也为 5 秒。但很多时候 HTTP 请求的数据比较大，比如图片等，可能读取的时间会比较长，所以就需要分别指定 timeout 值。

```
r = requests.get('httpAddr-004', timeout = (3, 30))
```

此时请求的连接超时为 3 秒，读取内容超时为 30 秒。如果远端服务器很慢，可以让 request 永远等待，传入一个 None 作为 timeout 值。

```
r = requests.get('httpAddr-004', timeout = None)
```

10.2 浏览器的开发者工具

网络爬虫是一种按照一定的规则，自动地抓取万维网信息的程序或者脚本。而万维网信息的主要承载方式都是浏览器。那么，能不能利用浏览器自带的工具来帮助我们快速定位页面元素，获取整个网页中我们需要的内容呢？答案是肯定的。我们可以借助浏览器的开发者工具进行页面元素的定位。而几乎所有的浏览器都包含此开发者工具。

Chrome 开发者工具是一套内置于 Google Chrome 中的 Web 开发和调试工具，可用来对网站进行迭代、调试和分析。因为国内很多浏览器内核都是基于 Chrome 内核，所以也带有这个功能，例如，UC 浏览器、QQ 浏览器、360 浏览器等。下面我们学习如何利用开发者工具进行页面调试。

1. 认识开发者工具

首先打开 Chrome 浏览器。单击“设置”→“更多工具”→“开发者工具”，调出开发者工具窗口，如图 10-2 所示。也可以使用快捷键<F12>直接调出开发者工具窗口。

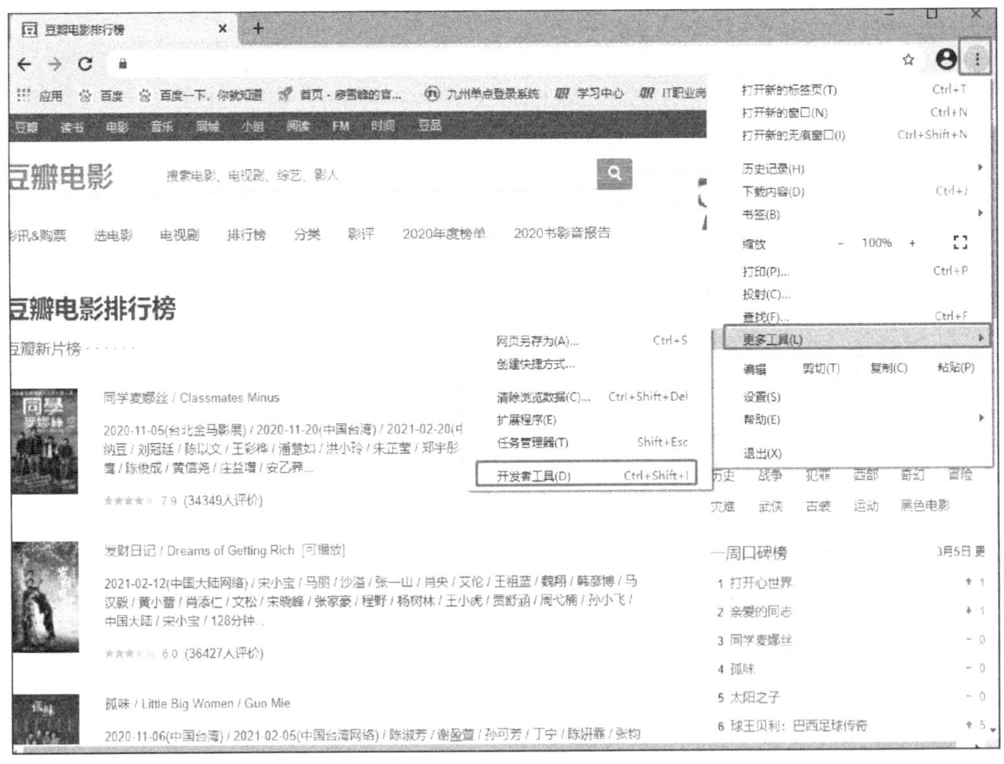

图 10-2 启用开发者工具

在弹出的开发者工具中，单击工具内的“⋮”，在弹出的面板中，可以通过单击 Dock side 选项改变开发者工具所相对浏览器展示窗口所在位置。也可以拖动开发者工具边侧，达到扩大或者缩小发者工具大小的目的，如图 10-3 所示。

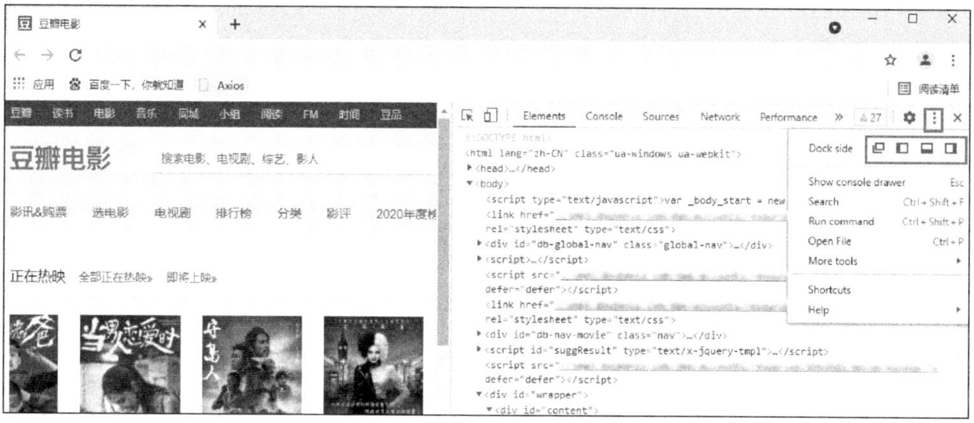

图 10-3　调整开发者工具位置

2. 元素面板

通过元素（Element）面板，我们能查看到想抓取页面渲染内容所在的标签、使用什么 CSS 属性（例如 class = “middle”）等内容。例如，想要抓取“豆瓣电影”主页中的动态标题，可以在网页页面上单击鼠标右键，选择“检查”，可进入 Chrome 开发者工具的元素面板，如图 10-4 所示。

图 10-4　开发者工具 Element 面板

其实 Element 面板内容很多，如果想要找到需要的内容，我们可以通过两种方式快速定位到想要获取的元素。

方式 1：单击“元素选择器”，再单击浏览器上想要获取的元素，此时在 Element 面板内，就帮助我们定位到所需元素在 Element 文档中位置，如图 10-5 所示。

方式 2：在 Element 面板内按<Ctrl+F>快捷键，在弹出的搜索框内，输入我们想要搜索的内容，按<Enter>键即可，如图 10-6 所示。

通过这种方法，我们能快速定位出页面某个 DOM 节点，然后提取出相关的解析语句。如果鼠标移动到节点，然后右键单击鼠标，选择“Copy”，能快速复制出 Xpath、Selector、Style 等内容解析库的解析语句，如图 10-7 所示。

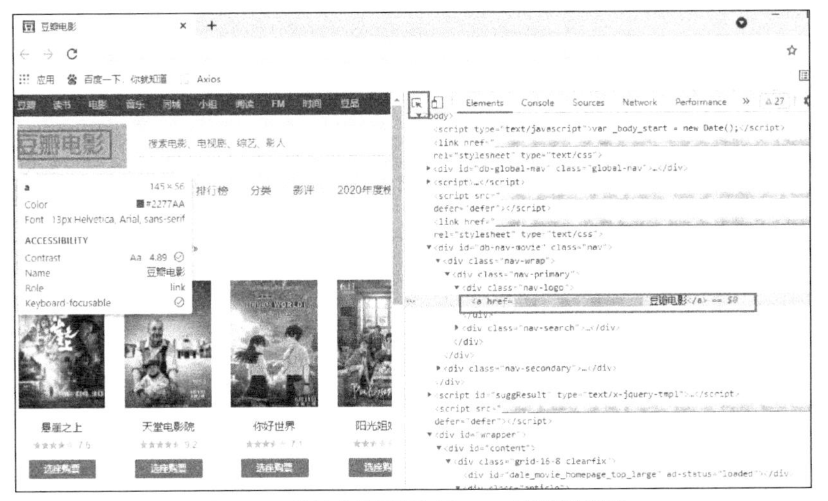

图 10-5　快速定位元素在 Element 面板的位置

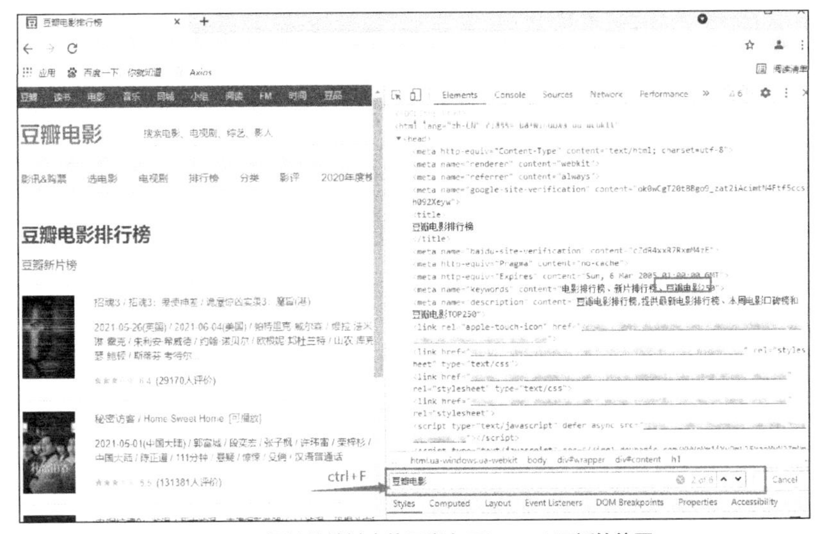

图 10-6　通过快捷键定位元素在 Element 面板的位置

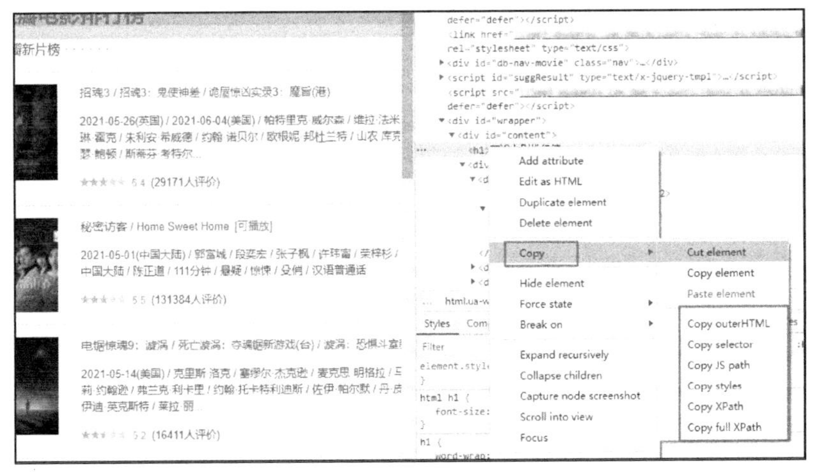

图 10-7　获取解析语句

3. 网络面板及其他

网络（Network）面板记录页面上每个网络操作的相关信息，包括详细的耗时数据、HTTP 请求与响应标头和 cookie 等，如图 10-8 所示。

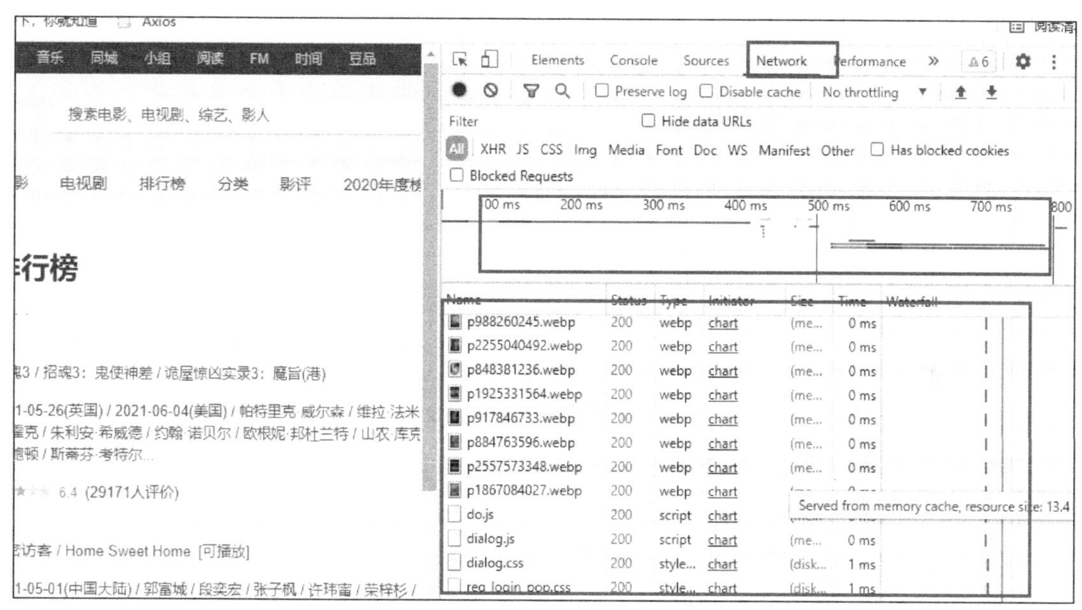

图 10-8　开发者工具 Network 面板

在开发者工具的中部位置，记录了启用开发者工具后，请求网络资源的所有情况，结合鼠标拖曳可以过滤出启用开发者工具后某一段时间内请求到的网络资源，如图 10-9 所示。

单击任意文件名称都可以查看请求该文件的 HTTP 请求头信息、请求体信息、响应头、和响应体等信息，如图 10-10 所示。

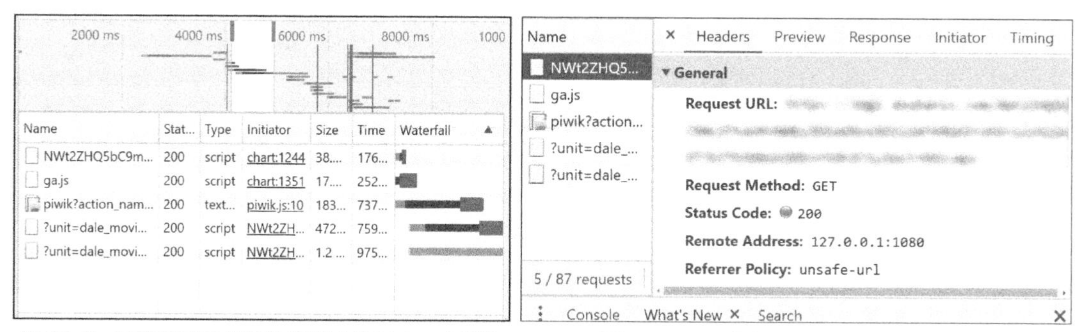

图 10-9　开发者工具过滤某时间段内的 Network 消息　　图 10-10　开发者工具某一条 Headers 消息

再看网络面板上第一排的位置，单击实际页面的红色按钮●，可以停止 Network 面板收集网络请求及响应消息。单击后，实际页面的红色按钮变成灰色，刷新网页将重新收集网络请求及响应消息。单击“clear”按钮，将所收集网络请求及响应消息清空。

开发者工具还能帮我们看到很有用信息，比如切换到 Application 面板，还能看到浏览器 cookie 记录，如图 10-11 所示。

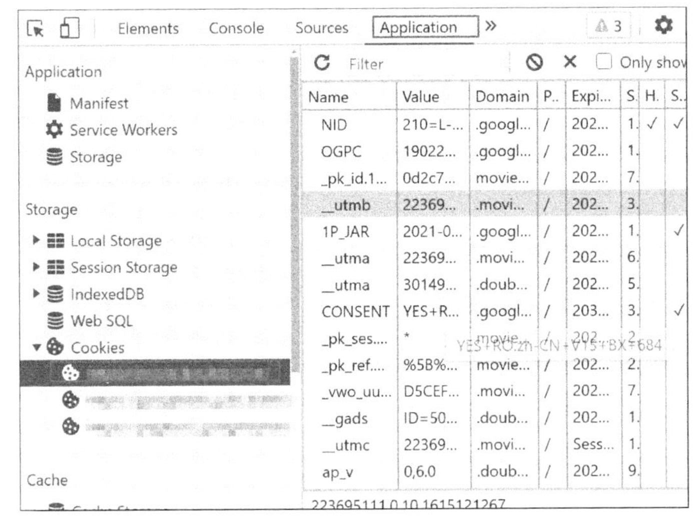

图 10-11　开发者工具 Application 面板

10.3 XPath

10.3.1 XPath 简介

XPath 是一门可以在 XML 文档中查找信息的语言，所以也能帮助我们定位 HTML 上的元素。

XPath 使用路径表达式来选取 XML 文档中的节点或者节点集，这些路径表达式和我们在常规的电脑文件系统中看到的表达式非常相似。XPath 含有超过 100 个内建的函数，这些函数用于字符串值、数值、日期和时间比较、序列处理、逻辑值等。1999 年 11 月 16 日 XPath 成为 W3C 标准，被设计供 XSLT、XPointer 及其他 XML 解析软件使用。在下面的内容中，将主要讲授 XPath 中有助于迅速定位页面标签构成的方法。

10.3.2 XPath 节点

在 XPath 中，XML 文档是被作为节点树来对待的。树的根被称为文档节点或者根节点。下面将介绍节点及节点之间的关系。

1. 节点（Node）

```
<?xml version = "1.0" encoding = "UTF-8"?>
<bookstore>
  <book>
    <title lang = "en">Harry Potter</title>
    <author>J K. Rowling</author>
    <year>2005</year>
    <price>29.99</price>
  </book>
  <book>
```

```
    <title lang = "en">How To Read A Book</title>
    <author>Mortimer J. Adler</author>
    <year>1972</year>
    <price>61.00</price>
  </book>
</bookstore>
```

在上面的 XML 文档中的节点例子中，具体介绍如下。

- <bookstore>为一个文档节点。
- <year>2005</year>为一个元素节点。
- lang = “en” 为属性节点。
- Mortimer J.Adler 为基本值（Atomic value）。

2. 父（Parent）

每个元素以及属性都有一个父元素。

在上面的例子中，book 元素是其内部 title、author、year 及 price 元素的父元素。

3. 子（Children）

title、author、year 及 price 元素都是其外部 book 元素的子元素。

4. 同胞（Sibling）

book 元素内部的 title、author、year 及 price 元素之间都是同胞，同理，两个 book 元素之间也属于同胞关系。

5. 先辈（Ancestor）

某个节点的父节点、父节点的父节点等都是该元素的先辈。

例如，第 5 行的 author 的先辈有 book 也有 bookstore。

6. 后代（Descendant）

某个节点的子节点，子节点的子节点等都是该元素的后代。

bookstore 的后台有两个 book 及两个 book 元素的子元素。

10.3.3 XPath 语法

1. 选取节点

XPath 使用路径表达式在 XML 文档中选取节点。节点是通过路径来选取的，如表 10-1 所示。

表 10-1 XPath 使用路径选取节点

表达式	描述
nodename	选取此节点名的所有节点
/	从根节点选取

续表

表达式	描述
//	从任意位置开始选取
.	选取当前节点
..	选取当前节点的父节点
@	选取属性
text()	选取文字

我们仍然以上述的 XML 文档为例。使用路径表达式获取该 XML 中的节点元素，如表 10-2 所示。

表 10-2　XPath 使用路径表达式获取属性和文字

路径表达式	结果
bookstore	选取 bookstore 元素的所有子节点
/bookstore	选取根元素 bookstore 注释：假如路径起始于正斜杠（/），则此路径始终代表到某元素的绝对路径
bookstore/book	选取属于 bookstore 的子元素的所有 book 元素
//book	选取所有 book 子元素，而不管它们在文档中的位置
bookstore//book	选择属于 bookstore 元素的后代的所有 book 元素，而不管它们在 bookstore 中的位置
//@lang	选取名为 lang 的所有属性

实验操作如下。

```
# 安装使用 Xpath 的第三方库 lxml
# 安装方法: pip install lxml

# 导入第三方库
from lxml import etree

strs = """
<?xml version = "1.0" encoding = "UTF-8"?>
<bookstore>
  <book>
    <title lang = "en">Harry Potter</title>
    <author>J K. Rowling</author>
    <year>2005</year>
    <price>29.99</price>
  </book>
  <book>
    <title lang = "en">How To Read A Book</title>
    <author>Mortimer J. Adler</author>
    <year>1972</year>
    <price>61.00</price>
  </book>
</bookstore>
```

```
"""
# 将 strs 字符串转成节点树
html = etree.HTML(strs)
# 1.获取 bookstore 节点
book_store = html.xpath("//bookstore")
print(book_store)   # [<Element bookstore at 0x2ee6b5d3388>] 节点对象
# 2.获取 bookstore 下面的 book 节点
books = html.xpath("//bookstore/book")
print(books)   # [<Element book at 0x120ad9c3448>, <Element book at 0x120ad9c3488> 节点对象
# 3.获取 title 的节点和属性
for book in books:
    titles = book.xpath("./title") # 从第二条获取到的 book 节点的前提下，获取当前子元素 title 节点
    print(titles)   # [<Element title at 0x16129363508>] 节点对象
    title_value = book.xpath("./title/@lang")
    print(title_value)   # ['en'] lang 的属性值
# 4.获取所有 author 节点内的文字
author_text = html.xpath("//author/text()")
print(author_text) # ['J K. Rowling', 'Mortimer J. Adler']
```

2. 谓语（Predicates）

在实践中，我们常常需要查找某个特定的节点或者包含某个指定的值的节点，使用谓语就可以帮助我们。

谓语是被嵌在方括号中的部分。表 10-3 中列出了带有谓语的一些路径表达式，以及表达式的结果。

表 10-3　　XPath 使用带谓语的路径表达式及其结果

路径表达式	结果
//bookstore/book[1]	选取属于 bookstore 子元素的第一个 book 元素
//bookstore/book[last()]	选取属于 bookstore 子元素的最后一个 book 元素
//bookstore/book[last()-1]	选取属于 bookstore 子元素的倒数第二个 book 元素
//bookstore/book[position()<3]	选取最前面的两个属于 bookstore 元素的子元素的 book 元素
//title[@lang]	选取所有拥有名为 lang 的属性的 title 元素
//title[@lang = 'en']	选取所有 title 元素，且这些元素拥有值为 en 的 lang 属性
//bookstore/book[price>50.00]	选取 bookstore 元素的所有 book 元素，且其中的 price 元素的值必须大于 50.00
//bookstore/book[price>505.00]/title	选取 bookstore 元素中的 book 元素的所有 title 元素，且其中的 price 元素的值必须大于 505.00

实验操作如下。

```
# 导入第三方库
from lxml import etree

strs = """
<?xml version = "1.0" encoding = "UTF-8"?>
<bookstore>
```

```
    <book>
      <title lang = "en">Harry Potter</title>
      <author>J K. Rowling</author>
      <year>2005</year>
      <price>29.99</price>
    </book>
    <book>
      <title lang = "en">How To Read A Book</title>
      <author>Mortimer J. Adler</author>
      <year>1972</year>
      <price>61.00</price>
    </book>
</bookstore>
"""
# 将 strs 字符串转成节点树
html = etree.HTML(strs)
# 谓语操作
# 选取属于 bookstore 子元素的第一个 book 元素
print(html.xpath("//bookstore/book[1]")) # [<Element book at 0x19ed7023488>] book 节点
print(html.xpath("//bookstore/book[last()]")) # [<Element book at 0x19ed7023488>] book 节点
print(html.xpath("//bookstore/book[last()-1]")) # [<Element book at 0x19ed7023488>] book 节点
print(html.xpath("//title[@lang = 'en']")) #[<Element title at 0x1ff6a5f33c8>, <Element title at 0x1ff6a5f3308>] title 节点
print(html.xpath("//bookstore/book[price>50]"))  # [<Element book at 0x23029023208>] book 节点
```

3. 选取未知节点

XPath 通配符可用来选取 XML 元素，如表 10-4 所示。

表 10-4　XPath 通配符

通配符	描述
*	匹配任何元素节点
@*	匹配任何属性节点
node()	匹配任何类型的节点

以下列出了一些路径表达式，以及这些表达式的结果，如表 10-5 所示。

表 10-5　使用带通配符的路径表达式及其结果

表达式	结果
/bookstore/*	选取 bookstore 元素的所有子元素
//*	选取文档中的所有元素
//title[@*]	选取所有带有属性的 title 元素

实验操作如下。

```
# 导入第三方库
from lxml import etree
```

```
strs = """
<?xml version = "1.0" encoding = "UTF-8"?>
<bookstore>
  <book>
    <title lang = "en">Harry Potter</title>
    <author>J K. Rowling</author>
    <year>2005</year>
    <price>29.99</price>
  </book>
  <book>
    <title lang = "en">How To Read A Book</title>
    <author>Mortimer J. Adler</author>
    <year>1972</year>
    <price>61.00</price>
  </book>
</bookstore>
"""

# 将 strs 字符串转成节点树
html = etree.HTML(strs)
# 查找未知标签，属性为 lang = 'en'，获取标签内的文字
print(html.xpath("//*[@lang = 'en']/text()"))  # ['Harry Potter', 'How To Read A Book']
# 查找任意标签，任意属性，但属性值为 en，获取标签中的文字
print(html.xpath("//*[@* = 'en']/text()"))  # ['Harry Potter', 'How To Read A Book']
```

10.3.4 实训项目——提取中慧教材信息

1. 实验需求

在中慧教材页面下，提取教材数据，并打印。

2. 实验步骤

（1）安装 Python 第三方库 lxml: pip install lxml。
（2）安装 Python 第三方库 requests: pip install requests。
（3）导入 lxml 中的分析树 etree 和 requests。
（4）获取网站链接地址。
（5）发起响应。
（6）提取数据。
（7）打印结果。

3. 代码实现

```
import requests
from lxml import etree
```

```
url = "httpAddr-017"
headers = {'User-Agent': 'Mozilla/5.0 (Windows NT 10.0; Win64; x64) AppleWebKit/537.36 (KHTML, like Gecko) Chrome/91.0.4472.77 Safari/537.36'}
resp = requests.get(url=url, headers=headers)
html = resp.content.decode()
p = etree.HTML(html)
# 提取每一部教材的 div 列表
div_list = p.xpath('//div[@class="news-list two-column clear"]/div')
for div in div_list:
    books = {}
    # 提取教材名字
    name = div.xpath('./a/@title')[0]
    # 提取教材日期
    date = div.xpath('./div[@class="right news-info"]/div[@class="date"]/text()')[0]
    books['name'] = name
    books['date'] = date
    print(books)
```

运行结果如下。

```
{'name': '中慧科技 Web 开发校企合作系列教材-《 Node.js 应用开发》介绍', 'date': '2021 年 7 月 2 日'}
{'name': '中慧科技 Web 开发校企合作系列教材-《Java Web 应用开发》介绍', 'date': '2021 年 6 月 30 日'}
{'name': '中慧科技 Web 开发校企合作系列教材-《Java 程序设计基础》介绍', 'date': '2021 年 6 月 8 日'}
{'name': '中慧科技 Web 开发校企合作系列教材—《MySQL 数据库》介绍', 'date': '2021 年 6 月 8 日'}
{'name': '中慧科技 Web 开发校企合作系列教材-《Java 高级程序设计》介绍', 'date': '2021 年 6 月 8 日'}
{'name': '中慧科技 Web 开发系列教材-《HTML5 与 CSS3 程序设计》介绍', 'date': '2021 年 6 月 8 日'}
{'name': '中慧科技 Web 开发校企合作系列教材-《Vue 应用程序开发》介绍', 'date': '2021 年 6 月 3 日'}
{'name': '中慧科技 Web 开发校企合作系列教材-《Java EE 企业级应用开发》介绍', 'date': '2021 年 6 月 3 日'}
{'name': '《PHP 程序设计》介绍', 'date': '2021 年 5 月 24 日'}
{'name': '《HTML5 与 CSS3 程序设计》介绍', 'date': '2021 年 3 月 23 日'}
```

4. 代码分析

此项目重点在于爬虫流程，难点是 lxml 库，需要记忆 XPath 语法规则，并完成网页分析。

10.4 Beautiful Soup4

10.4.1 Beautiful Soup 的简介

Beautiful Soup 是一个可以从 HTML 或 XML 文件中提取数据的 Python 库，它能够通过你喜欢的转换器实现惯用的文档导航、查找、修改文档的方式。Beautiful Soup 会帮你节省数小时甚至数天的工作时间。Beautiful Soup3 目前已经停止开发，推荐在当前的项目中使用 Beautiful Soup4，不过它已经被移植到 BS4 了。

首先，如果我们要使用 Beautiful Soup4，则第一步还是安装它，使用 pip install beautifulsoup4

直接安装该模块即可。

Beautiful Soup 默认支持 Python 的标准 HTML 解析库，但是它也支持一些第三方的解析库，如表 10-6 所示。

表 10-6 Beautiful Soup 支持的解析库

序号	解析库	使用方法	优势	劣势
1	Python 标准库	BeautifulSoup(html,'html.parser')	Python 内置标准库，执行速度快	容错能力较差
2	lxml HTML 解析库	BeautifulSoup(html,'lxml')	速度快，容错能力强	需要安装，需要 C 语言库
3	lxml XML 解析库	BeautifulSoup(html,['lxml', 'xml'])	速度快，容错能力强，支持 XML 格式	需要 C 语言库
4	htm5lib 解析库	BeautifulSoup(html,'htm5llib')	以浏览器方式解析	速度慢

10.4.2 Beautiful Soup 的基础使用

同 XPath 一样，下面给出一段 HTML 代码作为后面的例子，可多次使用。

HTML 代码如下。

```
html_doc = """
<html><head><title>The Dormouse's story</title></head>
<body>
<p class = "title"><b>The Dormouse's story</b></p>
<p class = "story">Once upon a time there were three little sisters; and their names were
<a href = "httpAddr-014" class = "sister" id = "link1">Elsie</a>,
<a href = "httpAddr-015" class = "sister" id = "link2">Lacie</a> and
<a href = "httpAddr-016" class = "sister" id = "link3">Tillie</a>;
and they lived at the bottom of a well.</p>
<p class = "story">...</p>
"""
```

Python 代码如下。

```
from bs4 import BeautifulSoup
soup = BeautifulSoup(html_doc, 'html.parser')
print(soup.prettify())
```

通过 soup.prettify()方法，代码将会缩进格式化，上述打印如下。

```
<html>
 <head>
  <title>
   The Dormouse's story
  </title>
 </head>
 <body>
  <p class = "title">
```

```
    <b>
     The Dormouse's story
    </b>
   </p>
   <p class = "story">
    Once upon a time there were three little sisters; and their names were
    <a class = "sister" href = "httpAddr-014" id = "link1">
     Elsie
    </a>
    ,
    <a class = "sister" href = "httpAddr-015" id = "link2">
     Lacie
    </a>
    and
    <a class = "sister" href = "httpAddr-016" id = "link3">
     Tillie
    </a>
    ;
    ...
    ...
```

如果我们已经安装 lxml HTML 解析库，则在进行文档解析时候，可以尝试使用。

```
soup = BeautifulSoup(html_doc,'lxml')
```

另外，我们还可以用本地 HTML 文件来创建对象，如下。

```
soup = BeautifulSoup(open('index.html'))
```

上面代码的作用便是将本地 index.html 文件打开，用它来创建 soup 对象。

除了 soup.prettify()方法，还有如下一些常用的页面元素的定位方式。

```
# 获取 title 标签的所有内容
print(soup.title)
# 获取 title 标签的名称
print(soup.title.name)
# 获取 title 标签的文本内容
print(soup.title.string)
# 获取 head 标签的所有内容
print(soup.head)
# 获取第一个 p 标签中的所有内容
print(soup.p)
# 获取第一个 p 标签的 class 的值
print(soup.p["class"])
# 获取第一个 a 标签中的所有内容
print(soup.a)
# 获取所有的 a 标签中的所有内容
print(soup.find_all("a"))
# 获取 id = "u1"
```

```
print(soup.find(id = "link1"))
# 获取所有的 a 标签，并遍历打印 a 标签中的 href 的值
for item in soup.find_all("a"):
    print(item.get("href"))
# 获取所有的 a 标签，并遍历打印 a 标签的文本值
for item in soup.find_all("a"):
    print(item.get_text())
```

10.4.3 Beautiful Soup4 四大对象种类

Beautiful Soup4 将复杂的 HTML 文档转换成一个复杂的树形结构，每个节点都是 Python 对象，所有对象可以归纳为 4 种。

1. Tag

Tag 对象与 XML 或 HTML 原生文档中的 tag 相同，通俗点讲 Tag 就是 HTML 中的标签。

```
soup = BeautifulSoup('<b class = "boldest">Extremely bold</b>')
tag = soup.b
print(type(tag)) # <class 'bs4.element.Tag'>
```

Tag 有两个重要的属性，分别是 name 和 attributes。

```
# 获取标签名称
print(tag.name)   # b
# 获取标签 class 属性列表
print(tag["class"])   # ['boldest']
# 获取该标签属性字典
print(tag.attrs)   # {'class': ['boldest']}
```

2. NavigableString

我们已经得到了标签的内容，那么如何获取标签内部的文字呢？string 属性即可。

```
# 获取标签内部文字
print(tag.string)
```

3. BeautifulSoup

BeautifulSoup 对象表示的是一个文档的全部内容。大部分时候，可以把它当作 Tag 对象，是一个特殊的 Tag，可以分别获取它的类型、名称，以及属性。

```
soup = BeautifulSoup(html_doc,'lxml')
# 获取类型
print(type(soup.name))   # <class 'str'>
# 获取名称
print(soup.name)   # [document]
# 获取属性
print(soup.attrs)   # {}
```

4. Comment

Comment 对象是一个特殊类型的 NavigableString 对象。

```
html_doc = '''
<a href = "示例 URL1" class = "sister" id = "link1"><!--Elsie--></a>'''
soup = BeautifulSoup(html_doc,'lxml')
print(soup.a)   # <a class = "sister" href = "示例 URL2" id = "link1">Elsie</a>
print(soup.a.string) # Elsie
print(type(soup.a.string)) # <class 'bs4.element.Comment'>
```

a 标签里的内容实际上是注释，但是如果利用 string 属性来输出它的内容，我们发现它已经把注释符号去掉了，而这可能会给我们带来不必要的麻烦。所以在使用的时候需要特别注意。

10.4.4 Beautiful Soup 的高级用法

1. 遍历

（1）contents：获取 Tag 的所有子节点，返回一个列表。

```
soup = BeautifulSoup(html_doc,'lxml')
# Tag 的.content 属性可以将 Tag 的子节点以列表的方式输出
print(soup.head.contents)
# 用列表索引来获取它的某一个元素
print(soup.head.contents[0])
```

（2）children：获取 Tag 的所有子节点，返回一个生成器。

```
for child in soup.body.children:
    print(child)
```

2. 搜索

（1）find_all(name, attrs, recursive, text, **kwargs)

find_all()方法搜索当前 Tag 的所有 Tag 子节点，并判断是否符合过滤器的条件。

参数说明如下。

- name：可以是字符串，将会查找与字符串完全匹配的元素内容。也可以是一个列表，Beautiful Soup4 将会返回与列表中的任一元素匹配到的节点，传入一个方法，根据方法来匹配。如果传入的是正则表达式，那么 Beautiful Soup4 会通过 search()方法来匹配内容。

```
# 传入字符串
a_list = soup.find_all("a")
print(a_list)
# 传入列表
t_list = soup.find_all(["meta", "link"])
# 传入正则表达式
t_list = soup.find_all(re.compile("a"))
```

```
# 传入方法
def name_is_exists(tag):
    return tag.has_attr("name")
t_list = soup.find_all(name_is_exists)
```

- attrs：定义一个字典来搜索包含特殊属性的 Tag。

```
t_list = soup.find_all(attrs = {"data-foo": "value"})
```

- kwargs：示例如下。

```
# 查询 id = head 的 Tag
t_list = soup.find_all(id = "head")
# 查询所有包含 class 的 Tag(注意：class 在 Python 中属于关键字，所以加“_”以示区别)
t_list = soup.find_all(class_ = True)
```

- text：通过 text 参数可以搜索文档中的字符串内容，与 name 参数的可选值一样。

```
t_list = soup.find_all(attrs = {"data-foo": "value"})
t_list = soup.find_all(text = "hao123")
```

（2）find(name, attrs, recursive, text,**kwargs)

和使用 find_all()方法类似，只是返回符合条件的第一个 Tag。

3. CSS 选择器

```
# 通过标签名查找
print(soup.select('a'))
# 通过类名查找
print(soup.select('.mnav'))
# 通过 id 查找
print(soup.select('#u1'))
# 组合查找
print(soup.select('div .bri'))
# 属性查找
print(soup.select('a[class = "bri"]'))
# 获取内容
print(soup.select('title')[0].get_text())
```

10.4.5 实训项目——下载《山海经》名著

1. 实验需求

从古诗文官网中，获取《山海经》的网页数据，提取我们需要的内容，下载并保存。

2. 实验步骤

（1）安装 Python 第三方库 bs4：pip install bs4。

（2）安装 Python 第三方库 requests：pip install requests。
（3）导入 bs4 中的 BeautifulSoup 和 requests。
（4）获取链接地址。
（5）发起响应。
（6）提取书的章节名和详情内容的链接地址。
（7）循环列表。
（8）请求书的章节详情内容地址，提取数据。
（9）以 CSV 文件形式保存章节内容。

3. 代码实现

```
# 下载《山海经》名著
from bs4 import BeautifulSoup
import requests
import csv
# 1.url 地址
url = "httpAddr-009"
# 2.获取响应
response = requests.get(url)
# print(response.text)
# 3.提取数据
soup = BeautifulSoup(response.text,"lxml")
bookcont_list = soup.select("div[class = bookcont]")
# print(bookcont_list)
# 提取章节名和内容地址
book_list = []
for book in bookcont_list:
    a_list = book.find_all("a")
    # print(a_list)
    for a in a_list:
        item = {}
        item["content_href"] = a.get("href")
        item["content_name"] = a.get_text()
        # print(item)
        book_list.append(item)
```

运行结果如图 10-12 所示。

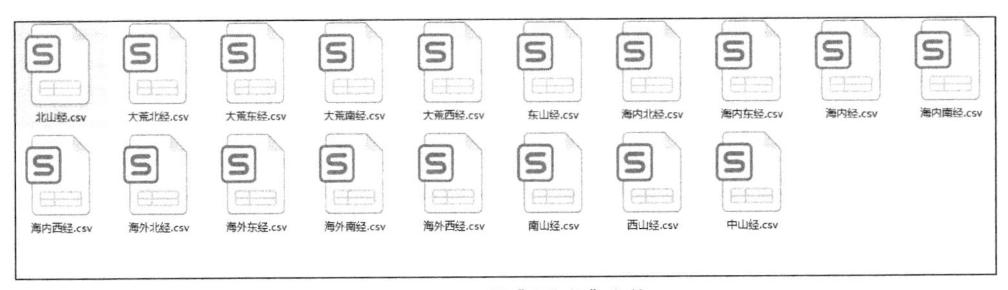

图 10-12　下载《山海经》名著

4. 代码分析

此项目重点在爬虫流程，难点在于 BeautifulSoup 库中方法的记忆、网页资源分析和 CSV 文件保存操作。

10.5 项目实训——下载汽车图片资源

1. 实验需求

从东风日产官网中，获取汽车商品的图片地址和名字，并使用 requests 请求图片，实现下载和保存。

2. 实验步骤

（1）安装 Python 第三方库 lxml：pip install lxml。
（2）安装 Python 第三方库 requests：pip install requests。
（3）导入 lxml 中的分析树 etree 和 requests。
（4）获取请求链接。
（5）发起响应。
（6）Xpath 提取数据。
（7）循环图片链接地址列表和名字列表。
（8）提取图片内容并保存。

3. 项目实施

```
# 下载汽车图片资源
from lxml import etree
import requests
# 1.车展地址
url = "httpAddr-011"
# 2.requests 模拟浏览器发送请求
response = requests.get(url)
# print(response.text)
html = etree.HTML(response.text)
# 3.提取数据
li_list = html.xpath("//ul[@class = 'clearfix J-car-screen m-car__screen']/li")
for li in li_list:
    item = {}
    item["car_name"] = li.xpath(".//div[@class = 'car-index__text-box']/h4/text()")[0]
    item["car_img"] = "http: "+li.xpath(".//div[@class = 'car-index__pic-box']/img/@data-original")[0]

    # 图片保存
    response = requests.get(item["car_img"])
    with open("./img/{}.jpg".format(item["car_name"]),"wb") as f:
        f.write(response.content)
    print(item["car_name"],"图片下载成功")
```

运行结果如图 10-13 所示。

图 10-13　下载汽车图片资源

4. 项目分析

项目重点在爬虫提取数据流程，根据链接发起响应，提取数据、保存数据，难点在于 Xpath 语法记忆和网站 Element 的分析。

10.6　本章小结

在第一部分 Python 应用基础编程中，我们已经全面地学习了 Python 的基础知识。在第二部分用户界面设计中，我们也了解到 HTTP 及网站的前端和后端的运行原理。在第三部分的第 10 章中，我们学习了定位和抽取页面信息的基本方法，其中，XPath、Beautiful Soup、正则表达式都能帮助我们从 HTML 文档中获取元素的信息，其中每一种方式在特定的环境中都有其各自的优势。有了这些，我们就可以轻松地获取需要的数据。

10.7　本章习题

一、多选题

1. 下面关于 Python 描述中正确的有（　　）。

   A. XPath 是 python 第三方库

   B. XPath 是一门在 XML 文档中查找信息的语言

   C. Python 的 re 模块可以帮助我们实现正则表达式

   D. BeautifulSoup 可以帮助我们从 HTML 定位和提取数据

2. 下面导入对象的语句中，正确的有（　　）。

   A. LXML 可以处理 XML 文档

   B. BeautifulSoup 可以利用 lxml HTML 解析库

   C. 正则表达式‘[A-Z]’表示匹配‘A’‘-’‘Z’三个字符

   D. 启用 Chrome 浏览器开发者工具的快捷键是<F11>

二、上机实践

1. 利用浏览器开发者工具获取豆瓣电影 Top 250 中第一页的页面信息，再结合 Xpath、BeautifulSoup 及 re 获取该页面电影的名称、评分及评价人数。

2. 利用 Python re 模块编写身份证号码的正则判断程序。

第 11 章 数据存储和可视化

▶ 内容导学

我们学习了爬虫的知识后，根据不同的需求，可能会爬取很多的数据，这时候就需要把数据保存下来进行后续的清理、分析、统计操作。实际应用中比较常用的存储方式有数据库存储、文件存储等，如果使用数据库来存储，将会涉及不同的数据库系统，每种数据库系统之间的差别也很大，相对比较复杂。如果数据量不是很多，统计分析也比较简单，我们可以优先采用文件存储的方式。本章将介绍如何利用爬虫获取数据、对数据进行存储和可视化。

▶ 学习目标

①爬取数据，并且用 TXT、JSON、CSV 格式对数据进行存储。
②读取用 JSON 格式存储的数据并解析。
③使用网页呈现解析的 JSON 格式数据。

11.1 使用 TXT、JSON、CSV 格式存储爬取的数据

拿到数据后，首先需要解决数据存储的问题，我们以爬取豆瓣电影 top250 榜单网页内容为例，一步一步来实现。

11.1.1 TXT 格式存储数据

使用 requests 库来爬取网页后，可以将其保存到文件中，存储为 TXT 格式，如下所示。

```
import requests
headers = {"User-Agent": 'Mozilla/5.0 (Windows NT 10.0; Win64; x64) AppleWebKit/537.36 (KHTML, like Gecko) Chrome/91.0.4472.77 Safari/537.36'}
resp = requests.get(url='中慧官网', headers=headers)
f = open('test.txt', 'w+', encoding='utf-8')
f.write(resp.text)
f.close()
```

运行完毕，可以看到当前目录下多了一个 text.txt 文件，打开之后可以看到里面就是网页的 HTML 代码。

但是这样保存下载的文件，无用的数据太多，因此需要分析网页结构，可以用 XPath 去获取对应 HTML 标签里的数据，然后把有用的数据通过 CSV 和 JSON 等格式存储下来。

11.1.2 CSV 格式存储数据

我们可以先分析一下中慧产品与解决方案的网页，里面包含 3 个子网页，分别是成功案例、教育解决方案、行业解决方案。每一个子页面里面有多条数据，每条数据包含“名字”“日期”等信息，获取每个信息之后，再写入 csv 文件中。

```
import requests
import csv
from lxml import etree
class ZhSpider:
    def __init__(self):
        self.headers = {"User-Agent": 'Mozilla/5.0 (Windows NT 10.0; Win64; x64) AppleWebKit/537.36
(KHTML, like Gecko) Chrome/91.0.4472.77 Safari/537.36'}
        self.f = open('test.csv', 'w', encoding='utf-8', newline='')
        self.writer = csv.writer(self.f)
        self.writer.writerow(['名字', '日期', '类别'])
        self.url = 'httpAddr-012'

    def get_html(self, url):
        resp = requests.get(url=url, headers=self.headers)
        return resp.content.decode()

    def get_page_urls(self):
        """通过初始 URL 获取 3 个子网页的 URL 和名字"""
        html = self.get_html(self.url)
        p = etree.HTML(html)
        # 匹配种类名字
        kinds = p.xpath('//ul[@class="sub-menu"]')[1].xpath('./li/a/text()')
        # 匹配链接
        links = p.xpath('//ul[@class="sub-menu"]')[1].xpath('./li/a/@href')
        # 生成字典
        dic = dict(zip(kinds, links))
        return dic

    def parse_page_data(self, dic):
        """解析每一页的数据，然后写入 csv 文件中"""
        for kind, link in dic.items():
            html = self.get_html(link)
            p = etree.HTML(html)
            # 获取每一条数据的 div 列表
            div_lst = p.xpath('//div[@class="news-list two-column clear"]/div')
            for div in div_lst:
                # 获取名字
                name = div.xpath('./a/@title')[0]
                # 获取日期
                date = div.xpath('./div[@class="right news-info"]/div[@class="date"]/text()')[0]
```

```
                # 写入 csv 文件
                self.writer.writerow([name, date, kind])

    def run(self):
        link_dic = self.get_page_urls()
        self.parse_page_data(link_dic)

if __name__ == "__main__":
    spider = ZhSpider()
    spider.run()
```

执行完毕就可以看到当前目录下多了一个 test.csv 文件，用 Excel 打开就可以很直观地看到表格化的数据。

11.1.3 JSON 格式存储数据

在前面我们用 CSV 格式存储数据后，虽然可以用 Excel 打开，但是在实际应用中，可能需要用程序去处理数据，或者把数据用网页呈现成图表的方式，这时候 CSV 格式就不太方便了。所以，如果在爬取的时候用 JSON 格式来存储数据，则以后读取数据和用网页呈现数据的时候会更方便。

```
import requests
from lxml import etree
import json

class ZhSpider:
    def __init__(self):
        self.headers = {"User-Agent": 'Mozilla/5.0 (Windows NT 10.0; Win64; x64)
AppleWebKit/537.36 (KHTML, like Gecko) Chrome/91.0.4472.77 Safari/537.36'}
        self.f = open('test.csv', 'w', encoding='utf-8', newline='')
        self.url = 'httpAddr-012'
        self.items = []

    def get_html(self, url):
        resp = requests.get(url=url, headers=self.headers)
        return resp.content.decode()

    def get_page_urls(self):
        html = self.get_html(self.url)
        p = etree.HTML(html)
        kinds = p.xpath('//ul[@class="sub-menu"]')[1].xpath('./li/a/text()')
        links = p.xpath('//ul[@class="sub-menu"]')[1].xpath('./li/a/@href')
        dic = dict(zip(kinds, links))
        return dic

    def parse_page_data(self, dic):
        for kind, link in dic.items():
            html = self.get_html(link)
```

```
            p = etree.HTML(html)
            div_lst = p.xpath('//div[@class="news-list two-column clear"]/div')
            for div in div_lst:
                name = div.xpath('./a/@title')[0]
                date = div.xpath('./div[@class="right news-info"]/div[@class="date"]/text()')[0]
                # 将每一条数据封装成一个字典，然后追加到一个列表中
                self.items.append({'name': name, 'date': date, 'kind': kind})

    def save2json(self):
        # 将列表写入 json 文件中
        with open('test.json', 'w', encoding='utf-8') as f:
            json.dump(self.items, f, ensure_ascii=False, indent=4)

    def run(self):
        link_dic = self.get_page_urls()
        self.parse_page_data(link_dic)
        self.save2json()

if __name__ == "__main__":
    spider = ZhSpider()
    spider.run()
```

11.2 解析 JSON 数据

我们已经学习过如何读取 json 文件，接下来就把 11.1.3 节中保存的 JSON 格式的数据读取并解析出来，如下所示。

```
import json
with open('test.json', encoding='utf-8') as f:
    data = json.load(f)
    for d in data:
        print(d)
```

这样得到的是爬取的所有数据，但在进行数据统计分析的时候，可能只需要用到一部分的数据，所以还需要筛选和清理数据。现在的数据共有 3 个字段，分别是名字、日期和类别，接下来可以统计每个类别分别有多少条数据。

```
import json

# 初始化一个字典
data = dict()
with open('test.json', encoding='utf-8') as f:
    items = json.load(f)
    for item in items:
        # 拿到每条数据的类别
        kind = item['kind']
        # 统计每个类别的数量，并存入字典
```

```
            if kind not in data:
                data[kind] = 0
            data[kind] += 1
print(data)
```

程序执行后就可以看到每个类别的数据条数，如下所示。

```
{'行业解决方案': 10, '教育解决方案': 9, '成功案例': 5}
```

如果要把数据通过其他方式呈现，比如使用 ECharts 图表的方式在网页展示，我们还需要转换数据，把数据的格式修改成 ECharts 所需要的格式。比如，饼图需要的格式是 [{"value": 1, "name": "名称"}]。

```
import json

data = dict()
with open('test.json', encoding='utf-8') as f:
    items = json.load(f)
    for item in items:
        kind = item['kind']
        if kind not in data:
            data[kind] = 0
        data[kind] += 1
print(data)

output = []
for i in data.keys():
    o = dict()
    o['name'] = i
    o['value'] = data[i]
    output.append(o)
with open("data.json", "w", encoding='utf-8') as f:
    json.dump(output, f, ensure_ascii=False, indent=4)
```

以上就是常见的数据分析、筛选的过程，最后生成 data.json 文件保存在目录中，在 11.3 节中，我们会把筛选后的数据用网页呈现出来。

11.3 运用网页呈现数据

11.2 节中我们已经准备好了 ECharts 饼图格式的数据，接下来就用网页加载 data.json 的内容并将其显示出来。

```
<!DOCTYPE html>
<html>
<head>
    <meta charset = "utf-8">
    <title>ECharts 饼图</title>
```

```
        <script src = "./js/JQuery.min.js"></script>
        <!-- 引入 echarts.js -->
        <script src = "./js/echarts.min.js"></script>
    </head>
    <body>
        <!-- 为 ECharts 准备一个具备大小（宽高）的 DOM -->
        <div id = "main" style = "width: 600px;height: 400px;"></div>
        <script type = "text/javascript">
            // 基于准备好的 DOM，初始化 echarts 实例
            var myChart = echarts.init(document.getElementById('main'));
            $.get('data.json', function (data) {
                myChart.setOption({
                    series : [
                        {
                            name: '访问来源',
                            type: 'pie',      // 设置图表类型为饼图
                            radius: '55%',  // 饼图的半径
                            data: data
                        }
                    ]
                })
            }, 'json')
        </script>
    </body>
```

将该文件和 data.json 保存在同一个目录，文件命名为 data.html。

此时，如果双击这个 data.html 文件，浏览器会显示为空白，这是为什么呢？原因在于我们从 HTML 网页中获取的 data.json 的方式是 AJAX，就是在网页中通过 JavaScript 脚本动态获取数据，而浏览器中是无法通过 AJAX 方式对本地文件进行访问的，所以这时候需要一个 HTTP 服务器才行。

Python 中自带了一个简单的 HTTP 服务器，我们在命令行模式下进入 data.html 和 data.json 所在的目录，执行 python -m http.server 8080 命令就可以开启一个端口号为 8080 的 HTTP 服务器，这时候使用浏览器打开 http: //localhost: 8080/data.html 就可以正常显示 ECharts 饼图了，如图 11-1 所示。

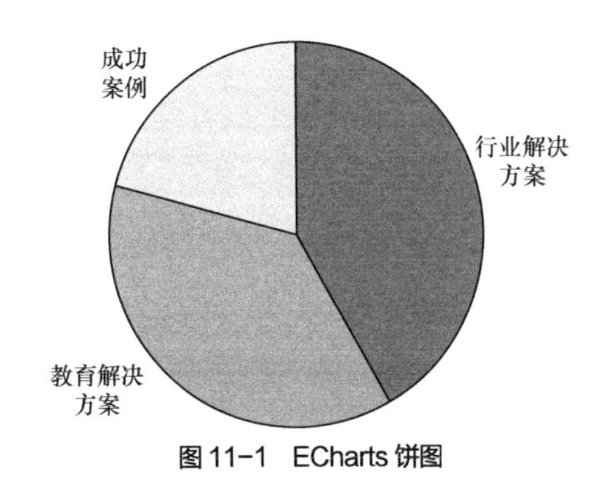

图 11-1 ECharts 饼图

11.4 实训项目——音乐网站排行榜

1. 实验需求

本项目用 Python 中的爬虫来提取音乐网站的周点击量数据，并将数据保存为 JSON 格

式，使用 HTML 前端网页获取 JSON 格式的数据，并绘图显示。

2. 实验步骤

（1）创建 spider_music.py 文件，编辑爬虫脚本。
（2）安装 Python 第三方库 bs4：pip install bs4。
（3）安装 Python 第三方库 requests：pip install requests。
（4）导入 requests、bs4 中的 BeautifulSoup 和标准库 json。
（5）获取网站链接地址。
（6）发起响应。
（7）提取数据。
（8）保存为 JSON 格式。
（9）开启 Python 服务器。
（10）创建 show_music.html 文件。
（11）加载 JQuery.min.js 和 echarts.min.js 文件。
（12）使用 AJAX 获取 JSON 格式的数据。
（13）使用 ECharts 绘图显示。

3. 代码实现

```
# 音乐网站排行榜与可视化
import json
import requests
from lxml import etree
# 1.URL 地址
url = "httpAddr-013"
# 2.获取响应
response = requests.get(url)
# print(response.text)
# 3.提取数据
html = etree.HTML(response.text)
# 得到 li 列表
li_list = html.xpath("//ul[@class = 'listCentent']/li")
# print(li_list)
music_list = []
with open("music_data.json", "w") as f:
    for li in li_list:
        item = {}
        item["music_name"] = li.xpath(".//a[@class = 'pr10 fz14']/text()")[0]
        item["music_rank"] = li.xpath(".//p[@class = 'RtCData'][1]/a/text()")[0]
        # print(item)
        music_list.append(item)

# 保存为 JSON 格式
with open("music_data.json","w",encoding = "utf-8") as f:
    json.dump(music_list,f,ensure_ascii = False,indent = 2)
```

运行 music_data.json 文件，如图 11-2 所示。

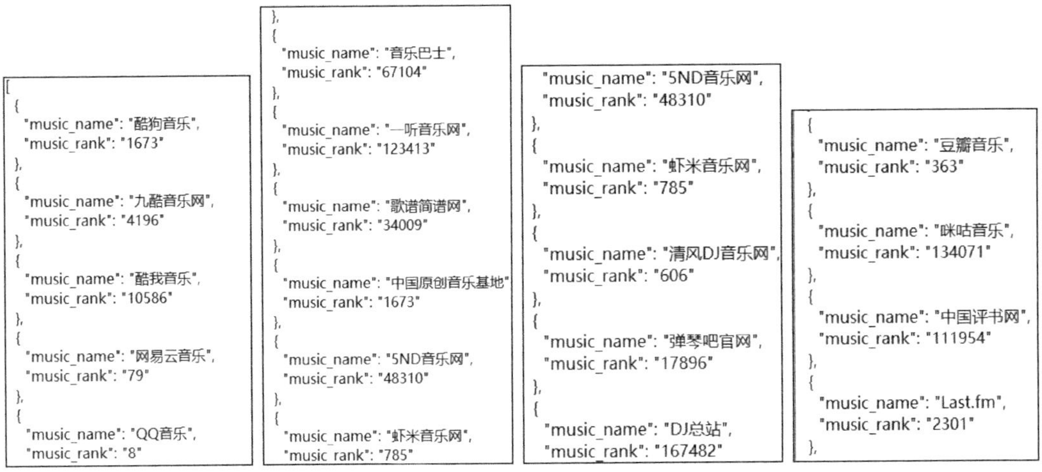

```
[
  {
    "music_name": "酷狗音乐",
    "music_rank": "1673"
  },
  {
    "music_name": "九酷音乐网",
    "music_rank": "4196"
  },
  {
    "music_name": "酷我音乐",
    "music_rank": "10586"
  },
  {
    "music_name": "网易云音乐",
    "music_rank": "79"
  },
  {
    "music_name": "QQ音乐",
    "music_rank": "8"
```

```
  },
  {
    "music_name": "音乐巴士",
    "music_rank": "67104"
  },
  {
    "music_name": "一听音乐网",
    "music_rank": "123413"
  },
  {
    "music_name": "歌谱简谱网",
    "music_rank": "34009"
  },
  {
    "music_name": "中国原创音乐基地",
    "music_rank": "1673"
  },
  {
    "music_name": "5ND音乐网",
    "music_rank": "48310"
  },
  {
    "music_name": "虾米音乐网",
    "music_rank": "785"
```

```
    "music_name": "5ND音乐网",
    "music_rank": "48310"
  },
  {
    "music_name": "虾米音乐网",
    "music_rank": "785"
  },
  {
    "music_name": "清风DJ音乐网",
    "music_rank": "606"
  },
  {
    "music_name": "弹琴吧官网",
    "music_rank": "17896"
  },
  {
    "music_name": "DJ总站",
    "music_rank": "167482"
```

```
  {
    "music_name": "豆瓣音乐",
    "music_rank": "363"
  },
  {
    "music_name": "咪咕音乐",
    "music_rank": "134071"
  },
  {
    "music_name": "中国评书网",
    "music_rank": "111954"
  },
  {
    "music_name": "Last.fm",
    "music_rank": "2301"
  },
```

图 11-2 音乐网站爬取结果

运行 Python 程序，如图 11-3 所示。

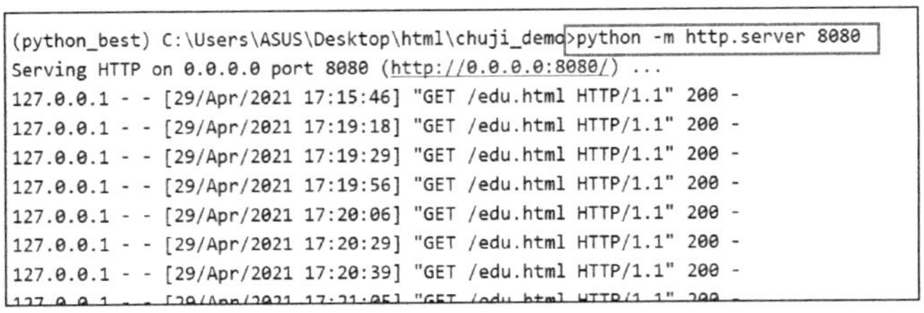

```
(python_best) C:\Users\ASUS\Desktop\html\chuji_demo>python -m http.server 8080
Serving HTTP on 0.0.0.0 port 8080 (http://0.0.0.0:8080/) ...
127.0.0.1 - - [29/Apr/2021 17:15:46] "GET /edu.html HTTP/1.1" 200 -
127.0.0.1 - - [29/Apr/2021 17:19:18] "GET /edu.html HTTP/1.1" 200 -
127.0.0.1 - - [29/Apr/2021 17:19:29] "GET /edu.html HTTP/1.1" 200 -
127.0.0.1 - - [29/Apr/2021 17:19:56] "GET /edu.html HTTP/1.1" 200 -
127.0.0.1 - - [29/Apr/2021 17:20:06] "GET /edu.html HTTP/1.1" 200 -
127.0.0.1 - - [29/Apr/2021 17:20:29] "GET /edu.html HTTP/1.1" 200 -
127.0.0.1 - - [29/Apr/2021 17:20:39] "GET /edu.html HTTP/1.1" 200 -
```

图 11-3 启动项目

show_music.html 文件内容如下。

```
<!doctype html>
<html lang = "en">
<head>
    <meta charset = "UTF-8">
    <meta name = "viewport"
          content = "width = device-width, user-scalable = no, initial-scale = 1.0, maximum-scale =
1.0, minimum-scale = 1.0">
    <meta http-equiv = "X-UA-Compatible" content = "ie = edge">
    <title>Document</title>
    <style>
        #btn{
            margin-top: 100px ;
            margin-left: 100px ;
            width: 200px;
            height: 40px;
            font-size: 24px;
            border-radius: 5px;
            background: #019DF2;
        }
        #echar{
```

```
                margin: 40px auto;
                height: 400px;
                border: 2px solid gray;
            }
        </style>
</head>
<body>
    <input type = "button" value = "获取数据" id = "btn">
    <div id = "echar"></div>

</body>
<script src = "./js/JQuery.min.js"></script>
<script src = "./js/echarts.min.js"></script>
<script>
// $("#btn"):通过 id 选择器获取 btn 元素对象
    $("#btn").click(function () {
        var my_echar = echarts.init(document.getElementById("echar"));
// Ajax 发送 get 请求
        $.get("./music_data.json",function (music_list) {
            // console.log(data)
            var name_list = [];
            var rank_list = [];
            for (var i = 0;i<music_list.length;i++){
                name_list.push(music_list[i].music_name);
                rank_list.push(music_list[i].music_rank);
            }
            console.log(name_list);
            console.log(rank_list);
            var option = {
                title: {
                    text: "音乐网站排行榜"
                },
                legend: {
                    data: ["周点击量"]
                },
                xAxis: {
                   data: name_list,
                    axisLabel: {    // 文字倾斜
                        interval: 0,
                        rotate: 40
                    }
                },
                yAxis: {},
                series: [{
                    name: "周点击量",
                    type: "bar",
                    data: rank_list
                }],
                color: ["#DD5156"],
```

```
                };

                my_echar.setOption(option);
            })
        })
    </script>
</html>
```

运行结果如图 11-4 所示。

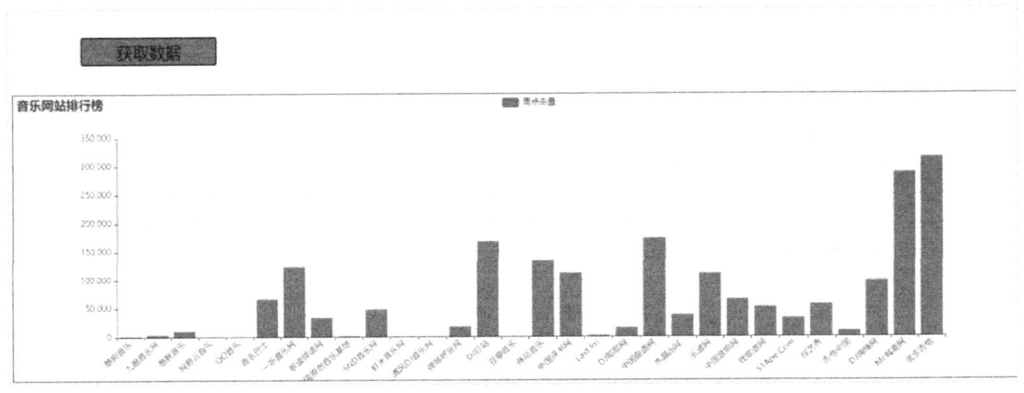

图 11-4　音乐网站排行榜可视化结果

4. 代码分析

此项目重点是 Python 爬取需要的数据，并将数据在 HTML 网页上进行可视化显示。难点是 Python 爬虫文件的数据和 HTML 网页 的交互流程，这需要读者有非常强大的 Python 技术功底和 HTML 的网页制作功底。

11.5　本章小结

本章我们综合应用了前面所学到的知识，包括爬取网页、文件操作、JSON 数据解析、ECharts 图表呈现数据，实现了一个完整的爬虫项目流程。在实际项目开发中，可能会根据需求，用其他的方式来存储或者展示数据，但基本的思想还是爬取数据、保存数据、筛选数据、展示数据这几个重点，合理运用学习到的知识就可以为大数据、人工智能等中高级开发打下基础。

11.6　本章习题

上机实践

1. 分析豆瓣电影 Top 250 榜单网站中的翻页方式，用代码自动爬取所有页面共计 250 条数据，并保存为 JSON 格式。

2. 利用爬取到的数据，统计出每种类型的电影数量，并用 ECharts 图表呈现出来。